Midjourney AI绘画

商业案例创意与实操

WILDPUSA 刘洋 林晨 李阳 张若愚 李艮基 / 编著

清華大学出版社
北 京

内 容 简 介

本书深入浅出地阐述了AI绘画工具的基本原理和实际应用方法，揭示了人工智能生成内容（AIGC）技术在日常工作中的重要角色。它不仅仅是一个自娱自乐的创意工具，更是推动创新和提高效率的重要助手。通过本书，读者将全面理解AI如何在艺术和设计领域中发挥其独特的价值，开启AI赋能个人创作新篇章。

本书共7章，内容涉猎广泛，不仅涵盖了市场上主流的AI绘画工具（Midjourney+Stable Diffusion+DALL·E），还提供了众多业界领先的商业应用实战案例。每一章都紧密结合理论与实践，旨在向读者展示AI绘画技术在商业领域的具体应用与创新价值。

本书核心内容之一：AIGC提示词构词法，虽篇幅精简，但凝聚了深厚的理论基础和实战经验，为读者提供了一个全面、深入了解提示词构词法的窗口。无论是艺术家、设计师还是商业策划人员，都能在本书中找到灵感和实用的指导，开启AI与创意结合的新纪元。

本书适用于对AIGC前沿技术及落地应用感兴趣的读者，也适合作为绘画（含AIGC生成类）、视觉设计、视觉传达、广告创意、广告营销等相关专业的教材和辅导用书。

图书在版编目 (CIP) 数据

Midjourney AI 绘画商业案例创意与实操 / WILDPUSA 等编著 . -- 北京 : 清华大学出版社 , 2024. 7. -- ISBN 978-7-302-66797-1

Ⅰ. TP391.413

中国国家版本馆 CIP 数据核字第 2024KU7338 号

责任编辑：陈绿春
封面设计：潘国文
版式设计：方加青
责任校对：胡伟民
责任印制：丛怀宇

出版发行：清华大学出版社
　网　　址：https://www.tup.com.cn，https://www.wqxuetang.com
　地　　址：北京清华大学学研大厦A座　　**邮　　编**：100084
　社 总 机：010-83470000　　**邮　　购**：010-62786544
　投稿与读者服务：010-62776969，c-service@tup.tsinghua.edu.cn
　质 量 反 馈：010-62772015，zhiliang@tup.tsinghua.edu.cn
印 装 者：三河市天利华印刷装订有限公司
经　　销：全国新华书店
开　　本：188mm×260mm　　**印　　张**：12.25　　**字　　数**：460千字
版　　次：2024年9月第1版　　**印　　次**：2024年9月第1次印刷
定　　价：88.00元

产品编号：102869-01

序言：当艺术遇见 AI，共舞双赢

尊敬的各位读者，大家好：

首先，非常感谢飞扬（刘洋）老师和清华大学出版社邀约为本书做序。作为一名多年从事插画和珠宝设计的艺术创意工作者，出版过多本插画图书，也入围获得过一些国内外大小奖项，获得了业界的一定认可。2023年伊始，随着人工智能技术的突飞猛进，人工智能技术在辅助创作者从事艺术创作的过程中，发挥出越来越超乎想象的作用，我也尝试将其融入自己的创作中。希望通过一些文字，与大家共同探讨和分享我的感悟。

因为创作需要，我需要尽可能多地获得灵感和素材，而AI可以给我带来巨大便利。2022年夏季，我就接触过一些AI绘画，但最近受限于当时的技术瓶颈，AI绘画尚未成熟，那时仅仅是触发了一瞬间的好奇而已，并未让我产生深入了解的意愿。但最近短短半年时间，AI技术的飞速发展已直接影响到了我的工作流——AI工具已成为我日常工作流中的必要环节，因为AI能生成大量风格迥异的创意图像，极大地拓宽了我的设计思路。我再基于这些图像进行二次创作，既发挥了AI的优势，也提高了我的工作效率，我们互相补充，创作出令人惊喜的作品。

我与AI对话的过程，也是一个心态转变的过程。未知之时是焦虑、恐慌、不屑，但随着对AI技术理解的深入，焦虑感便逐渐消散，我更加深刻地认识到：创作过程的核心依旧是个人对艺术的领悟和理解。AI终究是工具，机器本身不具有艺术天赋，艺术家需要有深刻的艺术修养和对美的理解。真正的灵感仍来自于人类内心丰富的情感和生活体验。所以，设计师不应被数据驱动的商业化迷惑而忘记作品中的情感价值。艺术创作和商业设计都需要有温度，需要能打动人心的共鸣，而这恰恰是我们人类所擅长的。

这是一个充满无限可能但也遍布陌生挑战的新时代，人类与AI协同工作的过程，对于艺术设计从业人员的自身要求将会更高，不仅需要对AI基本技术原理有一定的理解，更需要通过大量练习而最终熟练运用；创作者需要具备深厚的艺术底蕴和审美能力，才能有效检验和筛选AI生成的大量的作品；同时更要保持自身艺术思考的独立性，未来的艺术创作更多的是从体力创作转向脑力创作的过程。

未来已来，并且正在轰然发生，其发展速度之快超出我们绝大多数人的意料。在人机协作的过程中，人类既需要理解AI的边界和局限，同时又要发挥自身优势，最终达到完美互补，协同工作。

技术只是手段，艺术创作在于传递人类的精神和智慧，保持人文关怀，真正的核心不在AI，而是在于艺术家自身的修养、智慧和品格，技术只是实现价值的工具而已。

谨以此文，希望可以打消读者朋友的顾虑。

谨以此书，献给未来的AI创作者。

自由插画师

珠宝设计师

王晓沫

2024年.春

前言：智能之光照亮诗和远方，生成式人工智能与创新思考

尊敬的各位读者，大家好：

在开启本书正式阅读前，我希望可以邀请您驻足片刻，安静内心，与我一同展望未来：一片由生成式人工智能点燃的创新星海，将以何种前所未有的方式改造我们的世界？

这本书是我和另外五位作者的心智结晶，也是我们对生成式人工智能技术与人类商业社会创意创新之间奇妙相互作用的初步探讨。我们试图通过十个深入浅出的案例，揭示生成式人工智能如何激发我们的想象力，怎样破茧成蝶地催化出前所未有的创造力，从而为人类社会勾勒出一个更为丰富、更为美好的未来景象。

1. 智能之光，照亮创新之路

我们生活在一个充满挑战和机遇的时代，人工智能成为驱动社会进步的重要力量。生成式人工智能更是

如同清晨的第一缕阳光，给予我们前行的力量，同时也提供了无限可能。我会在此书中分享当前生成式人工智能的发展现状，对其未来的趋势进行预测，试图想象并描绘出未来世界的模样。

2. AI赋能，梦想翱翔

“大道之行也，天下为公。”上古哲人的智慧直到今天依然可以精准描述生成式人工智能对社会赋能的场景——它打破了传统思维的束缚，将想象力和创造力推至前所未有的高度。我希望借助本书阐述我对于生成式人工智能如何影响社会生活，以及如何开启认知新世界的方式和思考。

3. 未来之美，憧憬与展望

悲观者只会关注困难所在，乐观者却始终憧憬美好。对于生成式人工智能的未来，我深怀乐观之情，坚信它会改变我们的生活方式，引领我们走向更高的创新水平。

在本书阅读过程中，诚挚邀请各位读者打开心扉，与我们一同欣赏生成式人工智能带给我们的美妙和惊喜，同我们一起期待其对未来生活的深远影响，而不是一味地抗拒生成式人工智能。每个人都是时代的参与者，同时也是未来的创造者，让我们一同迎接充满创新和无限可能的未来。

“愿每个人的想象力都能被点燃，愿每一个梦想都能被实现。”这就是我们撰写这本书的初衷，也是我对各位读者的衷心祝福。

愿智能之光，照亮你我创新之路。

谨以此书，献给未来的AI创作者。

飞扬

（刘洋）

2024年.春

目录

第 1 章
AI 通识 1

1.1 星空歌剧院，创意及荣誉归属之争 1
1.2 神笔马良或神笔 AI？了解 AI 绘画原理 2
1.2.1 神经网络与深度学习：揭示 AI 绘画的核心技术 4
1.2.2 生成对抗网络：探寻艺术与科技的共生之道 7
1.2.3 来自“咒语”Prompt 的神秘驱动力 8
1.3 AI 绘画的法律挑战与困境 9
1.3.1 AI 绘画与传统绘画的交融碰撞 9
1.3.2 AI 绘画与法律法规的碰撞和共生 10
1.4 国内创作者必读的法律法规 15
1.4.1 算法、模型、规则基本概念 15
1.4.2 《规定》和《办法》对比解读 16
1.4.3 《规定》和《办法》之间的关联 16
1.4.4 作者感悟 17

第 2 章
灵感启发型绘画工具：Midjourney 18

2.1 Midjourney 与 Discord 18
2.1.1 Midjourney 是什么 18
2.1.2 Discord 频道是什么 18
2.1.3 Midjourney 的使用方式 19
2.2 账号申请及加入社区 19
2.2.1 注册 Discord 19
2.2.2 加入 Midjourney 社区 20
2.3 软件布局及分区说明 22
2.4 Midjourney 频道类别与功能 23
2.4.1 主页及频道管理区 23
2.4.2 公告消息通知 25
2.4.3 帮助与支持 26
2.4.4 新手区和高手区 27
2.4.5 讨论区 28
2.4.6 问题反馈 29
2.4.7 社区论坛 30
2.4.8 作品分享展示区 30
2.4.9 日常主题活动 32
2.4.10 语音频道 32
2.5 推荐设置及开启隐藏频道 33
2.5.1 作者推荐的频道设置 33
2.5.2 查看出图量及开启隐藏频道 34
2.6 Midjourney 会员订阅与生成图像 35
2.6.1 Midjourney 会员订阅 35
2.6.2 生成图像 37
2.7 版本参数 42
2.7.1 Midjourney 版本定义 42
2.7.2 Niji 模型版本 46
2.7.3 Niji 5 与 Midjourney 5.2 版本对比 47
2.7.4 如何切换版本型号 47

2.8 基本命令 48
2.8.1 /imagine 命令 48
2.8.2 /settings 命令 48
2.8.3 /info 命令 51
2.8.4 /subscribe 命令 52
2.8.5 /prefer suffix 命令 52
2.8.6 /show 命令 52
2.8.7 /describe 命令 54
2.9 基本参数 54
2.9.1 纵横比 54
2.9.2 质量 56
2.9.3 图像权重 56
2.9.4 风格 57
2.9.5 风格化 58
2.9.6 混乱 59
2.9.7 排除 61
2.9.8 重复 61
2.9.9 种子 62
2.10 高级提示与命令 64
2.10.1 Remix 模式 64
2.10.2 Vary（Region）局部重绘 65
2.10.3 Blend 混合 67
2.11 社区功能 69
2.11.1 主页画廊 69
2.11.2 隐藏福利 72
2.11.3 万张权益 73
2.11.4 小技巧：学习高手提示词 73

第 3 章
稳健确定型绘画工具：Stable Diffusion 76

3.1 Stable Diffusion 的原理和 Midjourney 差异 76
3.2 Stable Diffusion 的基础功能——文生图 + 图生图 77
3.3 Stable Diffusion 的正 / 负向提示词 78
3.3.1 正向提示词 78

3.3.2 负向（反向）提示词 78
3.4 ControlNet 控制网络 81
3.4.1 ControlNet 是什么 81
3.4.2 ControlNet 安装 82
3.4.3 常见 ControlNet 模型介绍 84
3.4.4 ControlNet 总结 112
3.5 模型训练 112
3.5.1 从零开始训练专属 LoRA 模型 112
3.5.2 小白也能轻松训练大模型 122

第 4 章
先天强势 + 后发优势：DALL · E 3 126

4.1 后发优势——OpenAI 的大杀器? 126
4.2 真正实现“说人话”就能绘画的 AI 工具 127
4.2.1 DALL · E 3 的逆天优势 127
4.2.2 DALL · E 3 的现存短板 129
4.3 终篇评测——本书三大绘画工具详尽分析 131

第 5 章 AIGC 商业逻辑探秘 132

5.1 前沿商业公司如何看待 AIGC 工具 132
5.2 科技复兴，文艺复古——AI 绘画的独特魅力 133
5.2.1 AI 带来的变化 134
5.2.2 AI 带来的机遇 134
5.3 AI 绘画，与 AI 对话——人机结合 136
5.3.1 探寻表达自由的真谛 136
5.3.2 从想象到图像，从智能到人工 141
5.4 随机性和可控性——AIGC 的“核心矛盾” 142
5.4.1 来自“随机”的启迪 142
5.4.2 收敛与释放 146

第 6 章 AIGC“十全十美”案例集 151

6.1 “先进企业，就用飞书”——中国首条 AIGC 广告的诞生 151
6.1.1 项目背景 151
6.1.2 灵感思路 152
6.1.3 执行过程 152
6.1.4 最终交付 152
6.2 当新媒体遇到 AIGC——老板电器的 AI 哲学艺术尝试 153
6.2.1 项目背景 154
6.2.2 灵感思路 154
6.2.3 执行过程 154
6.2.4 最终交付 155
6.3 特斯拉——再见燃油时代 156
6.3.1 项目背景 156
6.3.2 灵感思路 156
6.3.3 执行过程 156
6.3.4 最终交付 157
6.4 科技向善——AI 助力腾讯关心海洋，呵护被遗弃的家 158
6.4.1 项目背景 158
6.4.2 灵感思路 159
6.4.3 执行过程 159
6.4.4 最终交付 160
6.5 智慧风尚——阿瑞纳 50 周年庆典，概念泳装商业插画 161
6.5.1 项目背景 161
6.5.2 灵感思路 162
6.5.3 执行过程 162
6.5.4 最终交付 162
6.6 新艺术描绘新时代——AI 的千重演进只为一杯外卖咖啡 163
6.6.1 项目背景 163
6.6.2 灵感思路 163
6.6.3 执行过程 164
6.6.4 最终交付 165
6.7 麦麦博物馆的科技变革——AI 助力麦当劳缔造传世臻品 166
6.7.1 项目背景 166
6.7.2 灵感思路 167
6.7.3 执行过程 167
6.8 乡音悠悠，智绘呈现——AI 助力乡村振兴 169
6.8.1 项目背景 169
6.8.2 灵感思路 169
6.8.3 执行过程 171
6.8.4 最终交付 171
6.9 全球首个 AI 女性艺术展（上）——再创经典 173
6.9.1 项目背景 173
6.9.2 灵感思路 174

6.9.3 执行过程 175
6.9.4 最终交付 175
6.10 全球首个 AI 女性艺术展（下）——梦境成真 176
6.10.1 项目背景 176
6.10.2 灵感思路 177
6.10.3 执行过程 177
6.10.4 最终交付 178

第 7 章 AIGC 未来展望

AIGC 未来展望 181
7.1 AIGC 时代的教育和观念挑战 181
7.2 AIGC 时代的商业机会 182
7.3 人类何去何从 185

第1章 AI通识

AIGC（AI Generated Content）是继专业生产内容（PGC）和用户生产内容（UGC）之后的新型内容创作方式，即人工智能生成内容，又称“生成式AI（Generative AI）”。

AIGC 正如其名，其实是由AI创作生成内容，并进行自动化生产，极为高效。最近非常火的ChatGPT与AI绘画，亦源于其中。

1.1 星空歌剧院，创意及荣誉归属之争

在历史长河中，人类进化的整个进程需以“万年”为单位。而人类文明从初现端倪到建起宏伟广袤的艺术殿堂，需以“千年”为单位。

然而，“AI艺术家”以令人惊叹的速度完成进化，并闯入到我们视野中，却是以“分钟”为单位。

2021年冬，美国的OpenAI实验室推出了一项名为DALL·E的技术，它能通过自然语言生成逼真的图像和艺术作品。

2022年春天，“达利二代（DALL·E 2）”再度问世。这一次，它生成的图像更为真实细腻，分辨率提升了4倍，艺术的味道和氛围也更加浓郁。

2022年秋天，人工智能创作的艺术作品已然不逊色于人类。在美国科罗拉多州博览会的年度艺术大赛上，参赛者杰森·艾伦（Jason Allen）在新兴艺术家组别的“数字艺术/数字操纵摄影”类别中，凭借作品《太空歌剧院》获得了第一名，如图1-1所示。而这幅作品是通过一款名为Midjourney的AI绘画工具生成的。《太空歌剧院》作为第一件获得此奖项的人工智能绘画作品，引发众多艺术家的激烈抵制。而且除去在社交媒体上公开表示抵制之外，激动的艺术家们又开始在网络上大量删除自己的作品，试图减少“被AI剽窃”的机会。

事件持续发酵后，一场介于人类艺术创作者和AI绘画创意者之间旷日持久的争论和思辨展开：AIGC产物到底算不算艺术？

图1-1 《太空歌剧院》杰森·艾伦（Jason Allen）

许多艺术家同行认为这是“钻规则空子”，他们觉得这幅作品的获奖加速了创造性工作的消亡。虽然Jason Allen 坚称自己没有破坏任何规则，他用了一个月的时间不停地修改输入软件的提示词，使用绘图软件调整近千次，最终从中选出最喜欢的三张进行后期处理。不过，这种解释也受到了部分艺术爱好者的嘲讽。

AI绘画究竟是不是艺术，算不算真正的创作？历史上，人类曾有过类似的探讨，时钟拨回19世纪，这场探讨的主角是查尔斯·皮埃尔·波德莱尔（Charles Pierre Baudelaire），一位活跃在19世纪的法国诗人、艺术评论家和译者，他的作品在世界文学史上占有重要的地位。

波德莱尔本身和摄影没有关系，他在艺术哲学领域的贡献产生的影响更加深远。尽管他本人并没有直接参与到摄影这一新兴艺术形式的创作中，但他对摄影的理解和看法对于摄影艺术的发展有着深远的影响。波德莱尔在《1859年的沙龙》（Le Salon de 1859）发表了一篇文章，名为《现代公众与摄影术》，如图1-2所示。

图1-2 《1859年的沙龙：现代公众与摄影术》波德莱尔

波德莱尔的主要观点如下。

“摄影业成了一切平庸画家的庇护所！”

“摄影在群众的愚蠢中找到了它天造地设的伴侣！”

“这个行业（摄影），通过入侵艺术的领土，已成为艺术界最不共戴天的敌人！”

“摄影的真正职责，是‘成为科学和艺术的婢女’！”

用一句最直白的话作为总结——多么无能的画师，才要去搞摄影？多么愚蠢的群众，才会接受摄影？这就是波德莱尔和当时主流社会对摄影的看法。

60年后，当阿尔弗雷德·斯蒂格利茨（Alfred Stieglitz，1864—1946）、保罗·斯特兰德（Paul Strand，1890—1976）、亨利·卡蒂埃·布列松（Henri Cartier-Bresson，1908—2004）等一代代摄影大师用一件件传世摄影珍品向世人展示摄影艺术之美时，当摄影展、摄影大赛已成为日常生活的一部分时，似乎已经没有人再去质疑“摄影是不是艺术”，反而会质问：“摄影为什么不是艺术？”

如果将当年波德莱尔对摄影的态度，替换今天对AI的态度，又会怎样？

“AI绘画成了一切平庸设计师的庇护所！”

“AI绘画在群众的愚蠢中找到了它天造地设的伴侣！”

“这个行业（AI绘画），通过入侵艺术的领土，已成为艺术界最不共戴天的敌人！”

“AI绘画的真正职责，是‘成为科学和艺术的婢女’！”

正确看待并接纳摄影技术，人类用了60年。面对汹涌而来的AI浪潮，这一次需要多少年？

1.2 神笔马良或神笔 AI？了解 AI 绘画原理

人工智能（Artificial Intelligence，AI）指的是使计算机系统具备模拟人类智能过程的能力，以执行特定的任务，如语言理解、学习、推理和问题解决等。AI领域的终极目标是创建出能够自主完成复杂任务的系统和应用，从而模仿或超越人类的智能。

AI的历史可以追溯到20世纪40～50年代。1943年，沃伦·麦卡洛克和沃尔特·皮茨首次提出了人工神经网络的概念。1950年，艾伦·图灵提出了著名的“图灵测试”，旨在测试机器是否能够展现出与人类不可区分的智能行为。1956年，计算机科学家约翰·麦卡锡（John McCarthy）等若干科学家共同举办了第一次达特茅斯会议，正式确立了“人工智能”这个术语，并启动了现代AI研究的旅程，如图1-3所示。

图1-3　达特茅斯会议与人工智能创始人

尽管AI历经几次热潮和寒冬，但随着大数据、计算能力和算法的不断进步，AI如今已成为科技发展的前沿领域，引领着无数的创新和变革，且在各行各业都开始显示出其强大的潜力和影响力。

人工智能生成内容又称为AIGC，是指利用人工智能技术自动化生成文字、音乐、图像或视频等内容的过程，如图1-4所示。在AIGC的背后是一系列复杂的算法和模型，如深度学习和自然语言处理技术。这些算法可以训练计算机系统，使其能够理解和模拟人类的创造过程，从而生成富有创意和价值的内容。

提示词：copyright，aigc

图1-4　Midjourney软件生成的图像

常见的AIGC应用是自动文章或报告生成。通过分析大量的数据和信息，AI系统可以自动撰写新闻报道、市场分析报告或其他类型的文档，极大地提高了内容生成的效率和速度。此外，AIGC还广泛应用于音乐、艺术和娱乐产业，如自动作曲和视频生成。

然而，AIGC也面临着诸多挑战。内容的原创性和质量是评价AIGC成功与否的关键因素。为确保生成内容的质量和相关性，AI系统必须进行大量的训练和优化，以更好地理解和满足用户的需求和期望。

AIGC正逐步改变我们的内容生产和消费方式，它让内容生成变得更加智能化、高效和个性化，展现出巨大的潜力和价值。

人工智能图像生成（Artificial Intelligence Image Generation，AIIG）是利用人工智能（AI）技术创建或修改视觉图像的过程。借助深度学习和生成对抗网络（Generative Adversarial Network，GAN）等尖端技术，AIIG可以生成高分辨率和逼真的图像，包括人脸、风景和艺术作品等。在AIIG中，模型通常经过大量图像数据的训练，以学习和模拟图像的各种属性和特征。通过这种学习，AI可以理解和复制不同的艺术风格，生成新的、原创的图像，或者对现有图像进行修改和增强。AIIG已被广泛应用于电影制作、视频游戏、虚拟现实和许多其他领域，为内容创建者提供了强大的工具，实现了以前难以想象的创意和效果。

1.2.1 神经网络与深度学习：揭示 AI 绘画的核心技术

1. 关于神经网络

神经网络是模拟人脑神经细胞工作机制的一种数学模型。它试图使用数学语言来诠释人脑中数十亿神经细胞之间复杂的互动关系，使计算机得以“学习”和“思考”。

（1）神经元与权重。

神经网络的基本单元是神经元。若将神经元比作一个接收和处理信息的小工厂，各神经元通过“突触”相连，信息通过这些连接传递。在神经网络中，突触的作用由权重来模拟。权重决定了信息传递的强弱，如同调节信息流量的阀门。

（2）激活函数。

每个神经元接收到的信息会累加并通过激活函数处理。激活函数决定了神经元是否被“激活”，从而输出信息到下一层。就像工厂的检查员，确保只有合格的产品才能流向下一个流程。

（3）神经网络的层级结构。

一个标准的神经网络模型包含输入层、隐藏层和输出层。信息在各层之间流动，像是在一个精密的生产线上经过各环节，不断被加工和优化，如图1-5所示。

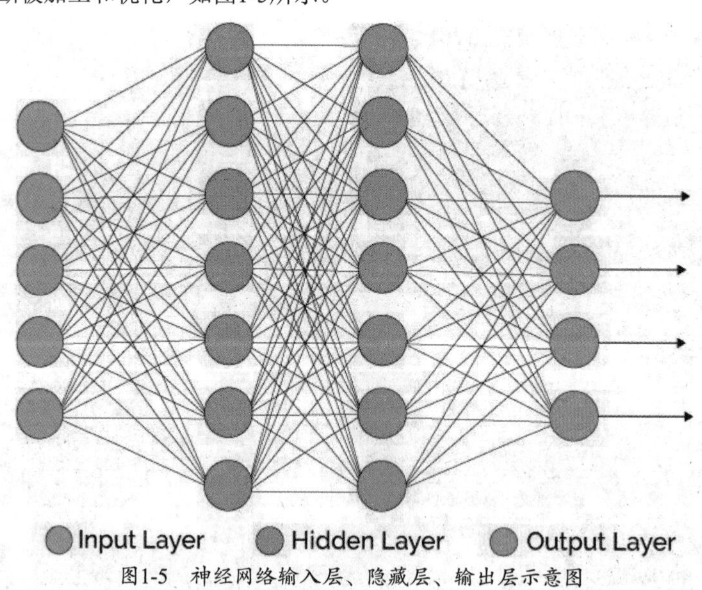

图1-5　神经网络输入层、隐藏层、输出层示意图

（4）关于神经网络的类比理解。

再次想象，我们面前有一个巨型果园，如图1-6所示，它就像是一个神经网络。

图1-6 想象中的果园（由DALL·E3生成）

我们进入果园的最终目标：从果园中挑选出最好的水果。

挑选水果需要经历三个步骤：获取苹果信息、决策判断、完成挑选。为方便理解，接下来通过示意图进行类比对照，如图1-7所示。

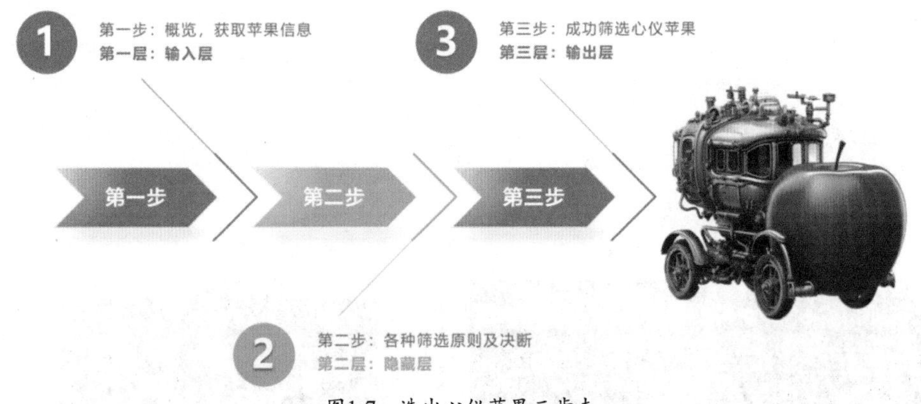

图1-7 选出心仪苹果三步走

第一步，我们来到市集入口，这里水果摊档林立，摊贩热情招呼，各式鲜果竞相展现风采。这一步您要做的，就是通过眼睛、鼻子，还有手快速收集信息：观察它们的色泽，闻它们的香气，触摸它们的皮肤（果皮）。如同神经网络的输入层接收外界各种信号，准备交给下一步做运算处理。

第二步，在心中用刚才获得的初步信息进行第一轮粗筛：那些明显不新鲜的、大小不符合您期望的，或者外观有损的水果，毫不犹豫地首先排除掉。这一步如同神经网络中的第一个隐藏层。此时，您的大脑包含着无数权重（经验）的神经元网络，通过激活函数（直觉）的作用，处理并筛除掉那些不符合要求的选项。

第三步，进入选择的深层次，开始细致地评估每个水果的内在品质。您尝一小口以判断甜度，您挑选那些位于枝头阳光照射充足部分的水果，因为它们往往更甜、更成熟。这个阶段就像是神经网络中的第二个隐藏层。在这一层，您的决策过程变得更加复杂，选择标准更加精细，筛选出来的将是那些最符合您口味和质量标准的佼佼者。

在这个过程中，每一个隐藏层都承担着不同的任务，第一层负责初步筛选，第二层则进行更为深入的品质判断。这些层级联合起来，形成了一个复杂的决策和思考链条，正如神经网络通过多层的处理来提取信息、做出判断，最终得到我们想要的结果。

最终，当您离开市集时，篮子中装满了您精心挑选的水果。每一个水果都是您经过多重考量、多次决策的结晶。这个最终的篮子，就像是神经网络的输出层，它展现了您决策过程的成果，也反映了您筛选能力的精准度。

每一次挑选，您的决策模型都在微妙地进化，就像神经网络通过不断训练自己的权重和激活函数，以做出更为准确的预测和选择。在这复杂而微妙的过程中，不仅是您对市集的水果变得越发了解，神经网络也在每一次的训练中变得更加精确，两者都在不断学习，不断进步。

2. 关于深度学习

深度学习是神经网络的一个子领域，主要关注的是构建和训练深度神经网络。深度神经网络包括多个隐藏层，可以处理更复杂、更高维度的数据，适合于图像识别、自然语言处理和游戏策略等多种任务，如图1-8所示。

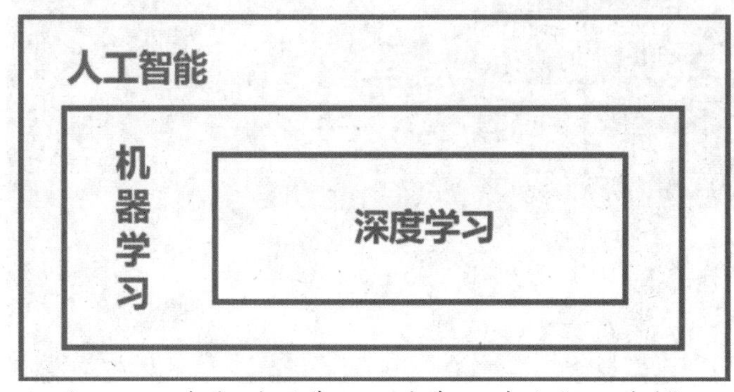

图1-8 人工智能、机器学习、深度学习三者的“知识关系”

（1）架构。

深度学习的网络架构通常比较复杂，包含多个隐藏层和大量的神经元。这种架构可以从原始数据中抽取出更高层次的特征。

（2）训练。

深度学习网络的训练通常依赖大量的标记数据和强大的计算能力。通过反向传播和梯度下降等算法，不断调整网络权重，优化网络性能。

（3）关于深度学习的类比理解。

尤瓦尔·赫拉利在《人类简史》中的核心观点为“人类之所以能从远古时代到今天，持续创造出辉煌璀璨的文明，核心动力在于‘以想象力为驱动’。”图1-9所示的是AI将它所理解的“深度学习”以具象化图形方式展示。

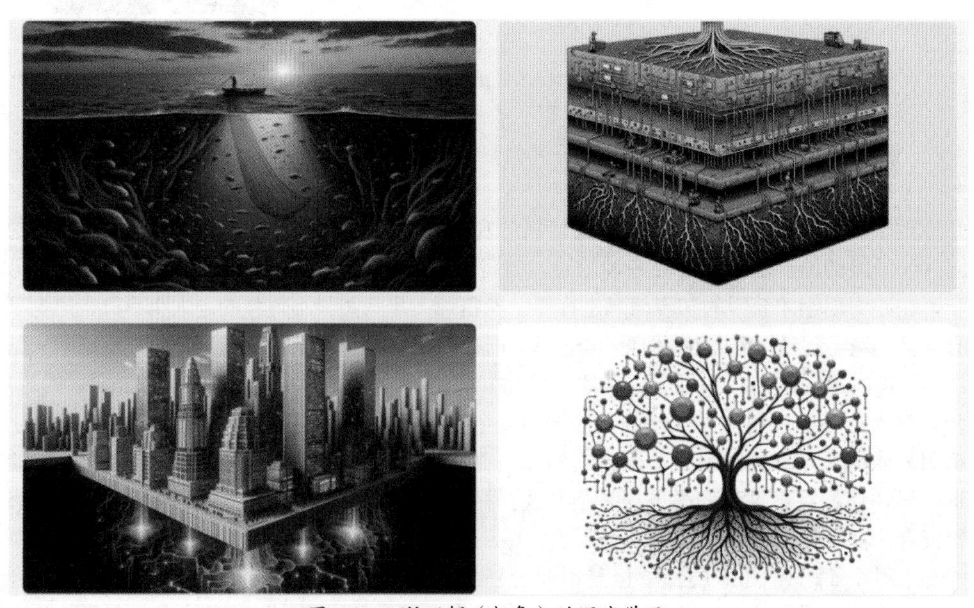

图1-9 AI所理解（想象）的深度学习

接下来，跳出通俗的比喻方式，我们使用计算机科学的逻辑来理解机器学习和深度学习的概念。

在机器学习中，算法通过分析和学习数据集来构建模型，这使得计算机能够做出预测或决策。这种方法的关键在于，计算机不需要由程序员提前编写具体的决策规则或指令。相反，机器学习算法使得计算机能够基于数据自动发现如何完成特定任务，例如识别图像中的对象或预测未来趋势。这样，计算机可以自主学习并适应新数据，而不是依赖于硬编码的规则。

深度学习是机器学习的一个高级分支，它依赖于被称为人工神经网络的复杂结构。这些神经网络包含多个层次，每个层次都由众多"神经元"组成，它们相互连接并处理数据。深度学习的核心在于能够自动从数据中提取和学习复杂的特征和模式。

在深度学习中，不需要程序员预先定义如何处理或解释数据。相反，网络通过大量的数据训练自己，自动学习如何识别和解释复杂的模式和特征。这种自我学习的过程允许计算机执行高度复杂的任务，如图像识别、语音转文字和自然语言理解。

例如，在图像识别中，深度学习模型可以自行学习如何识别不同的物体，而不需要人为地告诉它每个物体的具体特征。模型通过分析成千上万的图像，逐渐理解和识别各种形状、颜色和纹理。这种学习方式使得深度学习特别适合处理那些需要高层次抽象和推理能力的复杂任务。

以上分别使用了"果园比喻"和计算机科学专业术语两种方式介绍机器学习和深度学习的概念，以帮助读者更加深刻地理解AIGC。

1.2.2 生成对抗网络：探寻艺术与科技的共生之道

1. 关于生成对抗网络

生成对抗网络（Generative Adversarial Network，GAN）是一种强大的机器学习模型，由计算机科学家伊恩·古德费洛（Ian Goodfellow）于2014年提出。GAN包括两个部分，分别为生成器（Generator）和判别器（Discriminator）。

- 生成器：其任务是创建新的数据实例。在训练过程中，生成器尝试创建看起来与真实数据相似的数据。
- 判别器：其任务是区分生成的数据和真实的数据。它尝试识别出生成器生成的数据。

生成器和判别器在训练过程中进行对抗。生成器尝试创建越来越真实的数据，判别器则尝试越来越精确地识别出生成的数据。这个过程通过不断迭代，直到生成器生成的数据无法被判别器区分。

2. GAN对AIIG的作用和意义

读者可以想象一下，自己正在观看一场艺术大师（生成器）和艺术鉴赏家（判别器）的对决。在这场对决中，艺术大师（生成器）的任务是创作出一幅幅画作，而艺术鉴赏家（判别器）的任务是判断这些画作是否为真正的大师之作。

（1）艺术的对决。

艺术大师（生成器）试图用他的技巧和创意去迷惑艺术鉴赏家。每创作一幅画作，艺术鉴赏家（判别器）都会进行评价，指出画作中不真实的地方。

（2）不断进步。

通过艺术鉴赏家（判别器）的反馈，艺术大师（生成器）不断地完善自己的技巧，使得自己的画作越来越真实、越来越富有艺术感。与此同时，艺术鉴赏家（判别器）也在不断地学习和提升，变得越来越敏锐。

（3）达到高峰。

经过一系列的对决后，艺术大师（生成器）的画技已经趋近于完美，即使是经验丰富的艺术鉴赏家也无法轻易地分辨出画作的真伪。在这个阶段，我们可以说艺术大师（生成器）成功地掌握了绘画的艺术。

（4）在AI绘画中的意义。

在AI绘画领域，生成对抗网络就像是这场艺术大师（生成器）和艺术鉴赏家（判别器）的对决。生成器不断尝试创作出真实和引人入胜的艺术作品，判别器则不断尝试分辨出这些作品的真伪。通过不断训练和对抗，生成对抗网络能够生成越来越真实、越来越富有艺术感的作品。

在人工智能绘画领域，生成对抗网络的应用越来越广泛。它不仅可以创建出高质量的艺术作品，还可以为艺术家提供灵感和辅助，推动艺术创作进入一个新的维度。通过生成对抗网络，人工智能和艺术的融合将会越来越紧密，为我们的生活和文化创造出无限的可能性和价值。

1.2.3 来自“咒语”Prompt 的神秘驱动力

Prompt可以理解为触发AI模型响应的提示词或短语。它们在AI的训练和应用过程中起到了极为重要的作用。Prompt激发了模型的思考，唤起其学到的信息，并引导它按照某种预定的方式进行回应。

以大语言模型ChatGPT为例，其通过在巨大的文本语料库上进行预训练，学习到了语言的基础结构、概念间的关联，以及词语的语义信息。在生成文本时，Prompt就像是指路的明灯，指引着模型沿着某个特定的思考方向前进，从而生成与Prompt相关的、逻辑连贯的文本内容。

在人工智能绘画领域，Prompt的运用也显得极为精妙。当用户向AI绘画工具提出“请为我画一片星空”的要求时，它可能展现出一幅宽泛的、包含星星的天空图景。然而，当Prompt变得更为精确时，例如“为我绘画一片由蓝紫色调构成的、闪烁着各种大小星星的星空”，收获的将是一幅更加贴合心意、充满艺术感的作品。其中，Prompt就像是一位沟通我们与机器的“翻译官”，准确传达了我们的期待和渴望。

接下来看一组案例。

星空一如图1-10所示。

提示词：totally dark night sky by the sea, dslr, extremly long shot --ar 16:9，

图1-10 星空一

星空二如图1-11所示。

提示词：night sky by the sea Matt Molloy, long exposure, polar aurora, side shot of hiking couple, sitting, dof, low angle shot, dslr, extremly long shot --ar 16:9

图1-11 星空二

星空二与星空一相比，画面内容更加丰富，因为其使用了更多、更详尽的提示词。驱动人工智能进行创作。这些提示词在整个过程中并非只是一个启动码，更是一种带领我们跨越数字与现实、连接艺术与科技桥梁的核心元素。

1.3 AI绘画的法律挑战与困境

一方面，眼见AI绘画算法日渐成熟，传统画师纷纷开始怀疑自己的努力是否还有意义——毕竟只需要告诉AI“油画，毕加索风格”就可以，而不再需要投入以年为单位的油画学习时间；另一方面，AI绘画创作者以强劲势头席卷而来，开始迅速抢占市场和用户的注意力。

每一次生产力级别的技术的进步和变迁，必然会引发巨大影响和争议。代表传统绘画的一方应该何去何从？AI绘画这颗创意新星是否“戴着镣铐，约束起舞”？

1.3.1 AI绘画与传统绘画的交融碰撞

在AIGC时代的大背景下，科技与艺术交融，AI绘画作为一种新兴的艺术形式，如春笋般涌现，引领着人们进入崭新艺术纪元。不仅是绘画领域，AIGC已近乎在人类所有领域大放异彩。同时，我们也不应遗忘传统绘画所持有的深厚文化与历史底蕴。两者间的关系和区别成为我们值得探讨和思考的话题。

1. AI绘画与传统绘画的明显区别

（1）创作过程的差异。

AI绘画与传统绘画在创作过程上有着本质的不同。传统绘画是人类艺术家通过对自然、生活的感悟，借助于画笔和颜料，把自己的情感、理念、哲学观念等投射在画布上的过程。传统绘画包含着艺术家对世界的个人理解和感受。相较之下，AI绘画则是通过算法和机器学习，根据大量的艺术作品数据，生成具有特定风格和主题的画作。

古斯塔夫・克林姆特（德语：Gustav Klimt，1862年7月14日—1918年2月6日）《吻》如图1-12所示，原作创作于1907～1908年，现收藏于奥地利美景宫美术馆。

图1-12 《吻》克林姆特

（2）风格和技术的区别。

AI绘画能够模仿不同的艺术风格，包括一些复杂的绘画技法，它能在短时间内完成作品的创作，节省了大量的时间和精力。传统绘画则更注重个人独特的艺术风格和技巧的展现，艺术家通过长时间的练习和探索，最终形成自己的艺术语言。

图1-13所示是由AI创作的作品，调用了古斯塔夫·克林姆的画风。

提示词：mother and baby, Paintings by Klimt, gold, sparkle, museum collection --ar 3:4 --v 5

图1-13　AI仿克林姆特风格《母亲的吻》

2. AI绘画普及后对传统绘画的影响

（1）市场和就业的冲击。

AI绘画的普及无疑会对传统绘画市场和从业者产生一定的冲击。AI可以更快速、高效地完成绘画作品，降低了创作的门槛和成本。这一现象可能会引起传统画作市场的饱和和从业者就业的压力。

（2）艺术创作的多元化。

尽管有所冲击，但AI绘画的出现也推动了艺术创作的多元化发展。它挑战了人们对艺术和创作的传统认知，让更多人有机会接触和参与到艺术创作中来。

1.3.2　AI 绘画与法律法规的碰撞和共生

1. 我国相关法律法规

（1）AI第一写作案始末。

2018年8月20日11时32分，股市收盘仅2分钟，腾讯证券就完成一篇股评文章，名为《午评：沪指小幅上涨0.11%报2671.93点 通信运营、石油开采等板块领涨》，正文内容共计949个字。

这篇文章是由腾讯机器人Dream Writer自动撰写的，也就是“人工智能生成内容”。

腾讯给DreamWriter的定义：一套基于数据和算法的智能写作辅助系统，于2015年8月开发完成，每年能够用它完成大约三十万篇作品，主要用于应对需要播报关键业务数据、不需要复杂分析的通报类稿件生成。

但是这篇文章竟然被网贷之家一字不差地搬运到自己网站上，然后腾讯就把网贷之家的运营方，即上海盈讯科技有限公司告上了法庭。理由有两个，一是侵犯了著作权，二是不正当竞争。

2019年9月，深圳市南山法院受理了这一案件，并于2020年1月进行了宣判，认为被告侵害了原告享有的信息网络传播权，应承担相应的民事责任。但鉴于被告已经删除侵权作品，法院判定被告赔偿原告经济损失及合理的维权费用人民币1500元。

法制时报的报道中，也进一步披露了法院的判决依据。

涉案文章由原告主创团队人员运用Dream Writer软件生成，其外在表现符合文字作品的形式要求，其表现的内容体现出对当日上午相关股市信息、数据的选择、分析、判断，文章结构合理，表达逻辑清晰，具有一定的独创性。

从涉案文章的外在表现形式与生成过程来分析，此文的特定表现形式及其源于创作者个性化的选择与安排，并由Dream Writer软件在技术上“生成”的创作过程均满足著作权法对文字作品的保护条件，属于我国著作权法所保护的文字作品。

因此，深圳市南山法院最终审定，腾讯胜诉，为AI生成的作品到底应不应该享有著作权提供了一个判例。

（2）版权保护的核心逻辑。

当人们使用人工智能生成内容时，一个问题悄悄浮现，即“人工智能绘画”作品的版权究竟应该如何界定？

从“深圳南山案”腾讯公司的胜诉中可以了解到，虽然DreamWriter软件属于“人工智能生成内容”工具，但是该软件是多人分工形成的整体智力创作，且最终生成的文章是经过数据的选择、分析、判断及文章结构和表达逻辑设计，是可以享有著作权的作品。

引用中华人民共和国版权法中关于著作权归属的相关内容：“著作权自作品完成之日起产生。法律、行政法规规定的其他拥有著作权的情形，依照其规定。”当我们站在法律视域的高度，针对人工智能绘画的两种可能情境稍加思索，就能窥见其中的玄妙。

情境一：艺术创造的源头——软件研发机构

在那片由算法掌控的画布上，如果“创作者”未能有效调教、掌控AI绘图程序，仅提出一些笼统的、宽泛的需求，而本质上是依赖绘画软件制作者所提供的数据与参数进行图像生成，我们或许可以认定，图片的创意源泉，实际上是软件制作团队或个人思想的延续。

虽然画布上涌动的色彩与线条，看似是“创作者”驱动AI完成的创作，但其背后隐藏的是程序作者的算法最终完成结果。这一情况下，理当认为，这些瑰丽的电子画卷，其著作权应归属于软件制作人。

情境二：人类智慧闪耀时——真正的创作者

而在另一个维度中，若AI绘图程序提供了充分的自由度，而创作者也通过对工具的使用和调教，使得用户可以通过它倾注自己的创造智慧，那么这部分的创造成果是否应该属于用户呢？在这种情况下，软件成了一个工具，一个可以让用户抒发自己情感、展示自己智慧的平台。

透过《中华人民共和国版权法》的法律透镜，我们可以依法推导，在这种情况下，AI绘画的著作权或许应当归属于用户。软件制作人提供了可能性，用户则赋予了这个可能性形态和生命。这样的合作，生发出了一种新的创造力量。

我国版权中有一条重要原则：保护表达，而不保护思想。

作为一名深爱这片土地的赤子，同时又掌握了AI绘画技能，我们可以尝试使用人工智能绘画工具来描绘祖国大好河山，表达自己的热爱。鉴于作品创作过程中并非简单的提示词陈列，而是加入了前期调研、设计、思考等工作，在画作生成过程中又不断调整参数，在画作生成后又借助各类其他绘图软件进行后期效果编辑等。经过如此多步骤最终得到的作品，才是真正属于创作者个人的作品，真正拥有版权的作品。

图1-14所示为希望“借用”摄影器材（单反相机），搭配高阶摄影手法，即双重曝光和极长镜头来表达一位女生在上海的街头美拍。本图虽然并非真实摄影，但是经过创意、构思、提示词测试及调整、最终定稿等一系列工作，作者认为这是一张属于创作者本人的图片。

人类才是创作的主体，是驱动设计的核心。在驱动AI工作时，请用户尽情发挥想象力。

提示词：Double exposure（双重曝光），stars of human wisdom shine（人类智慧之星闪耀），chinese girl holding ink brush pen drawing rainbow（中国女孩拿着毛笔钢笔画彩虹），extremly long shot（极长镜头），DSLR（单反相机），shanghai city（上海）--ar 16:9

图1-14　AI生成的摄影作品

2. 美国相关法律法规

（1）《黎明的查莉娅》判例。

美国版权局（USCO）于2023年3月发布规定称，人工智能（AI）自动生成的作品不受版权法保护，如图1-15所示。

在这份文件中，USCO表示，与人工参与创作的Photoshop作品比较，通过Midjourney、Stability AI、ChatGPT等平台自动生成的作品完全由AI完成，根据对生成式人工智能技术的理解，用户对于输出的内容不具有创造性贡献和控制，应当拒绝版权注册申请。因此不受版权法保护。

但此法规显然无法有效应对来自人工智能生成内容时代的挑战，USCO随后在2023年3月16日发布《“含有AI生成元素的作品”的版权注册指南》（下文简称“《指南》”），进一步澄清了实践中USCO对于AI生成元素进行审查和注册的基本政策。

根据《指南》，USCO对包含AI生成元素的生成物的可版权性的判断标准是“作品”中的传统作者要素（文学、艺术或音乐表达或选择、编排等要素）是否为人类完成。

如果人类仅通过向AI工具进行提示（Prompts），例如我们向ChatGPT下指令，要求其完成一段“莎士比亚风格的诗歌”，这是无法使生成物具有版权性的。

另一方面，人类如果对AI生成元素进行了充分的修改、选择和安排，并且这些修改、选择和安排具有独创性，这将使得整个生成物可以构成版权法下的作品，这和人类艺术家使用Adobe Photoshop编辑、修改的图像一样。但版权也仅保护其中人类完成的部分。

一个经典判例来自2023年2月21日，美国版权局对美国艺术家克里斯蒂娜・卡什塔诺娃（Kristina Kashtanova）的漫画作品《黎明的查莉娅》（Zarya of the Dawn）的版权界定：作者拥有在文字、视觉元素的协调和编排部分的版权，但版权保护不适用于由AI绘画工具Midjourney生成的部分，如图1-16所示。

美国版权局在回信中称，该部门将重新发布Zarya of the Dawn这一漫画作品的版权注册信息，以删除那些因不是人类创作的作品而不能获得版权的图像。

在本案中，卡什塔诺生成了Zarya of the Dawn的文字，Midjourney则根据她的提示去创作书中的插图，如图1-17所示。

在本案中，美国版权局第一次较为清晰地界定了对于AI生成作品的版权问题，对规范这一产业的发展有一定的积极意义。但如何清晰量化和明确界定人类和机器的工作贡献度，纵观全球各主要经济体，目前依然没有妥善的解决方案。

LIBRARY OF CONGRESS

Copyright Office

37 CFR Part 202

Copyright Registration Guidance: Works Containing Material Generated by Artificial Intelligence

AGENCY: U.S. Copyright Office, Library of Congress.

ACTION: Statement of policy.

SUMMARY: The Copyright Office issues this statement of policy to clarify its practices for examining and registering works that contain material generated by the use of artificial intelligence technology.

DATES: This statement of policy is effective March 16, 2023.

FOR FURTHER INFORMATION CONTACT: Rhea Efthimiadis, Assistant to the General Counsel, by email at *meft@copyright.gov* or telephone at 202–707–8350.

SUPPLEMENTARY INFORMATION:

I. Background

The Copyright Office (the "Office") is the Federal agency tasked with administering the copyright registration system, as well as advising Congress, other agencies, and the Federal judiciary on copyright and related matters.[1] Because the Office has overseen copyright registration since its origins in 1870, it has developed substantial experience and expertise regarding "the distinction between copyrightable and noncopyrightable works." [2] The Office

图1-15 美国版权局（USCO）2023年3月16日规定原文

United States Copyright Office

Library of Congress · 101 Independence Avenue SE · Washington DC 20559-6000 · www.copyright.gov

February 21, 2023

Van Lindberg
Taylor English Duma LLP
21750 Hardy Oak Boulevard #102
San Antonio, TX 78258

Previous Correspondence ID: 1-5GB561K

Re: Zarya of the Dawn (Registration # VAu001480196)

Dear Mr. Lindberg:

The United States Copyright Office has reviewed your letter dated November 21, 2022, responding to our letter to your client, Kristina Kashtanova, seeking additional information concerning the authorship of her work titled *Zarya of the Dawn* (the "Work"). Ms. Kashtanova had previously applied for and obtained a copyright registration for the Work, Registration # VAu001480196. We appreciate the information provided in your letter, including your description of the operation of the Midjourney's artificial intelligence ("AI") technology and how it was used by your client to create the Work.

The Office has completed its review of the Work's original registration application and deposit copy, as well as the relevant correspondence in the administrative record.[1] We conclude that Ms. Kashtanova is the author of the Work's text as well as the selection, coordination, and arrangement of the Work's written and visual elements. That authorship is protected by copyright. However, as discussed below, the images in the Work that were generated by the Midjourney technology are not the product of human authorship. Because the current registration for the Work does not disclaim its Midjourney-generated content, we intend to cancel the original certificate issued to Ms. Kashtanova and issue a new one covering only the expressive material that she created.

The Office's reissuance of the registration certificate will not change its effective date—the new registration will have the same effective date as the original: September 15, 2022. The public record will be updated to cross-reference the cancellation and the new registration, and it will briefly explain that the cancelled registration was replaced with the new, more limited registration.

[1] The Office has only considered correspondence from Ms. Kashtanova and her counsel in its analysis. While the Office received unsolicited communications from third parties commenting on the Office's decision, those communications were not considered in connection with this letter.

图1-16 美国版权局（USCO）针对《黎明的查莉娅》回复函原文

图1-17 Zarya of the Dawn作品中的第1、2页（图源：美国版权局）

（2）美国版权局要点复盘。

在本案中，版权局对几个重点词汇进行了单独解释，如版权、科技工具、作品等。

USCO认为，著作权只能保护由人类运用其创造力生产的内容。“作者”在宪法和著作权法中都不包含非人类。这是USCO历史上秉承的一贯立场，也是美国法院所支持的立场。

美国最高法院将“作者”（author）定义为“他是任何事物的起源、发起人、创造者、完成科学或文学作品的人”（he to whom anything owes its origin; originator; maker; one who completes a work of science or literature）。最高法院反复强调，“作者”是人，版权是“一个人依靠自己的才能或智力创造的产品所享有的专有权利”（the exclusive right of a man to the production of his own genius or intellect）。

联邦上诉法院也得出了同样的结论。第九巡回法庭在一个案件中认为，猴子不能为它用相机所拍摄的照片申请版权登记，因为著作权法提到了作者的孩子、遗孀、鳏夫、孙辈，这些身份名词都暗示作者应当是人类，而不应当包括动物在内。

基于上述“所登记作品的作者应当为人类”这一认知，对于包含AI生成内容的作品，USCO将考察AI对作品的贡献是否属于机械复制，或者AI仅仅是对作者的原创概念进行了可视化表述。如果一部作品传统的原创要素（文学、艺术或音乐的表达、选择、编排等）是由机器产出的，那么这一作品就不满足作者是人类的要求，USCO将不予登记。

根据USCO对生成式AI的理解，当AI仅依据其接收的用户指示就进行复杂的内容产出时，作品应具有的传统原创要素是由AI而不是人类进行确定和执行的。AI在识别用户指示后确定并输出内容、实现指令，但用户本身无法对这一过程进行创造性控制。

例如，用户可以指示生成式AI模仿莎士比亚的风格写一首与著作权有关的诗，用户可以预见系统生成的内容是一首诗歌，提到了著作权，并且类似于莎士比亚的风格，但只有AI技术本身能够决定其押韵模式、所用的单词、文本的结构等内容。因此，这一由AI确定其输出的表达元素的作品，不满足作者是人类这一条件。

人类和AI可能会共同创作作品，例如本节所探讨的案例《黎明的查莉娅》，是由人类对AI生成的内容进行创造性的选择和编排，同时作者本身在AI生成作品后加入了大量的“人肉修图”工作，即人类艺术家对AI生成的作品进行调整，最终使其达到著作权保护的标准等。

对于上述情况，著作权将仅仅保护由人类创作的、独立于且不影响AI生成内容本身版权状态的部分。

本质上，美国版权局（USCO）强调的都是人类在多大程度上创造性地掌控了作品的表达，并且实际形成了传统的原创要素。这也正是本书希望读者始终思考的一个话题：在AI绘画作品的创作过程中，人类究竟投入了多少“创作”？

（3）本案值得关注的要点。

- 版权只能保护人类创造力的产物——美国宪法和版权法中使用的“作者”一词不包括非人类。
- 科技工具可以是创作过程中的一部分，但作品表达的创造性必须是由人类控制的。如果只是AI技术根据人类的提示产生作品，则该作品缺乏人类作者身份，不受版权保护。如果人类艺术家以足够有创意的方式选择或安排AI生成的材料，以及艺术家修改AI生成的材料以符合版权保护标准，使得AI生成的作品包含足够的人类作者身份，则可以支持版权主张。
- 对于包含AI生成物的作品，美国版权局将考虑AI的贡献是“机械复制”的结果，还是包含作者“创造性的想法（智力活动），（由作者）赋予表现形式”的结果。答案将取决于具体情况，特别是AI工具如何运作以及作者如何使用AI工具创建最终作品。

这份版权登记指南也对申请者提出了版权注册的具体要求，部分内容如下。

申请人有义务披露提交注册的作品中包含人工智能生成的内容，并简要说明人类作者对作品的贡献。例如，将AI生成的文本合并到更大的文本作品中的申请人应该声明文本作品中人工创作的部分。

如果已经提交申请的作品包含AI生成材料，那么申请人需要重新检查是否充分披露了这些材料，以便申请有效。如果未披露，那么申请者需要联系版权局进行补充注册。

美国版权局最后表示，其将持续监测涉及AI和版权的新事实和法律发展，并可能在未来发布与注册或该技术涉及的其他版权问题相关的其他指南。

这份版权登记指南，阐明了美国版权局对于AIGC的态度。当且仅当AIGC具备“作者的创造性想法（智力活动）、（由作者）赋予表现形式”时，才有可能获得版权法保护。

总而言之，美国版权局采取“独创性”为判断依据，作者向版权局证明自己的“独创性”即可拥有版权。

3. 关于AI绘画作品版权的阶段性总结

截至2023年11月，全球各主要经济体仍未能对人工智能生成内容相关作品、数据、版权等问题形成统一共识。这可能是人类历史上首次遇到一个"成长和进化速度远远超出预期"的全新物种，它是如此的"新鲜"，以至于过往所有法律法规在它面前都略显陈旧和迂腐，但它的成长和进化速度又是以天，甚至小时为单位计算的。

司法实践过程中，主要关注点在于，首先作者必须是"人"，必须是生物学意义上的"人"或者是"法人"；其次是作者在创作过程中"主导创作过程"并"完成了智力贡献"。但如何精确界定"智力贡献"有多大，还需要继续等待相关法律法规的进步。

所以本节主要目的在于为读者呈现中国、美国、欧盟当前政策风向及司法实践判例。

1.4 国内创作者必读的法律法规

AIGC已悄然无声地渗透了我们工作的每一个角落。我们或许正使用着硅谷巨头的智能软件，在国内的办公桌前编织着数字时代的梦想。我们不但需要了解大洋彼岸的相关规定，还要认真严肃地遵守国内法律法规。

1.4.1 算法、模型、规则基本概念

2022年11月25日，国家互联网信息办公室、工业和信息化部、公安部令公布《互联网信息服务深度合成管理规定》（以下简称《规定》），该规定自2023年1月10日起施行。2023年7月10日，国家互联网信息办公室等七部门公布了《生成式人工智能服务管理办法》（以下简称"《办法》"），该办法自2023年8月15日起施行。

本节将根据《规定》和《办法》中的条文为读者做简单的介绍和说明。

生成式人工智能定义：指基于算法、模型、规则生成文本、图片、声音、视频、代码等内容的技术。

深度合成技术定义：指利用深度学习、虚拟现实等生成合成类算法制作文本、图像、音频、视频、虚拟场景等网络信息的技术。

深度合成技术包括但不限于以下几类。

- 篇章生成、文本风格转换、问答对话等生成或者编辑文本内容的技术。
- 文本转语音、语音转换、语音属性编辑等生成或者编辑语音内容的技术。
- 音乐生成、场景声编辑等生成或者编辑非语音内容的技术。
- 人脸生成、人脸替换、人物属性编辑、人脸操控、姿态操控等生成或者编辑图像、视频内容中生物特征的技术。
- 图像生成、图像增强、图像修复等生成或者编辑图像、视频内容中非生物特征的技术。
- 三维重建、数字仿真等生成或者编辑数字人物、虚拟场景的技术。

从以上定义来看，生成式人工智能和深度合成技术从字面上比较有以下区别。

1. 生成式人工智能较深度合成技术而言不仅仅指算法生成，还包括模型与规则生成的内容

《办法》第四条也提到："提供生成式人工智能产品或服务应当遵守法律法规的要求，尊重社会公德、公序良俗，符合以下要求……（二）在算法设计、训练数据选择、模型生成和优化、提供服务等过程中，采取措施防止出现种族、民族、信仰、国别、地域、性别、年龄、职业等歧视……"

从定义以及《办法》第四条第二项的要求上看，生成式人工智能的魅力远非单纯的算法技术所能涵盖。除了算法，还融合了模型与规则。从计算机科学的视角来看，算法、模型与规则，可以理解为如下内容。

- 算法：一组解决问题或执行任务的明确、有序的步骤和指令，在有限的时间内给出结果。
- 模型：是机器学习中，通过算法从数据中学习得到的用于预测或分类的数学表达式或结构。
- 规则：是明确的指导原则或条件，用于指导算法中的决策或行为。

换一个角度去理解：在生成式人工智能的世界，尽管它所包含的算法与深度合成技术有许多相似之处，都属于生成合成技术的范畴。但我们必须明白，《办法》所期望的监管范围，远不止于单一的技术或算法，其深度与广度都远超我们的想象。

2. 深度合成技术与生成式AI的应用重心

深度合成技术这一称呼，其实是源于国外的“深度伪造”（deep fake）一词，由“深度学习”（deep learning）与“伪造”（fake）两词组合而来。所谓的生成式人工智能，则来源于西方颇受欢迎的“AI Generated Content”。

从生成合成算法的角度来看，本书认为，站在使用者视角来看，深度合成技术与生成式人工智能在本质上并无太大差异。即便是AIGC领域的“老司机”也不会细究其概念差异。实际上，它们之间的区别主要是由于应用的侧重点不同而产生的。例如，深度合成技术更多地应用于Deep Fake这样的合成类软件中，而生成式人工智能则更多地服务于ChatGPT这样的人工智能对话机器人。

1.4.2 《规定》和《办法》对比解读

1. 立法目的不同

首先，从更宏观的法律架构和立法宗旨出发，《规定》的初心在于加强对互联网信息服务中深度合成的管理。《办法》进一步印证了该规定的核心，即着眼于对互联网的有序治理。在《规定》发布会的答记者环节中，明确提及了规定的立法初衷，即在确保深度合成服务满足用户需求、提升用户体验的基础上，也要严防被不法分子滥用。这些滥用行为，如制作、发布违法信息、损害他人名誉、冒用他人身份进行诈骗等，都破坏了网络和社会的正常秩序，伤害了公众的合法权益，甚至对国家的安全与社会的稳定造成威胁。

另一方面，《办法》则更为广泛地关注于生成式人工智能的全面健康发展与规范应用，它不仅仅局限于互联网治理，更深入地探讨了整个人工智能行业的健康成长之路。

2. 监管范围不同

《规定》与《办法》的显著差异在于其更广泛的监管覆盖面。不仅仅针对技术的提供者，它还涵盖了深度合成服务的技术支持方，即为深度合成服务提供关键技术支持的机构和个人；同时，还包括深度合成服务的终端用户，即那些利用此技术制作、复制、发布、传播信息的组织和个体。

3. 具体合规要求不同

（1）关于数据监管。

《规定》对深度合成服务提供者和技术支持者在训练数据管理上的职责进行了明确，同时对训练数据与其他数据进行了明确的分类，并提出了各自的监管要求。特别是其中的“输入数据”条款，如第十条中明文指出：“深度合成服务提供者应确保深度合成内容的适当管理，并通过技术或人工手段对用户的输入数据和合成结果进行审查。”相比之下，《办法》更多地强调了数据来源的合法性，特别是对预训练和优化训练数据的来源，明确要求满足包括《中华人民共和国网络安全法》在内的多项规定。

（2）关于输出内容的监管。

尽管两个规定都强调输出内容应符合法律要求并反映社会主义核心价值观，但它们在处理不合规内容时的方法存在差异。《办法》对使用者的处置措施相对简明，仅限于暂停或终止服务；《规定》则提供了更多的应对手段，包括警告、功能限制、服务暂停和账户关闭等。值得一提的是，《生成式人工智能办法》中的第十五条特别规定了对于发现的或被用户举报的不合规内容，除了内容过滤等措施外，还要求在3个月内通过模型优化等方式避免再次生成此类内容。这一条款虽未明确提供者为主体，但从条文内容看，其目标应是指向提供者。这反映了监管机构希望看到人工智能技术能够在优化和训练中持续正向发展。

1.4.3 《规定》和《办法》之间的关联

尽管这两个法规在立法目的、监管范围和具体的合规要求上都各有侧重，但它们与《算法推荐管理规定》之间存在明确的联系和相互衔接。例如，《生成式人工智能办法》的第六条和第十六条都明确指出，“在特定情境下，应参照《互联网信息服务算法推荐管理规定》和《深度合成技术规定》来进行操作。”具体来说，第六条提到：“在利用生成式人工智能产品为公众提供服务之前，应按照《具有舆论属性或社会动员能力的互联网信息服务安全评估规定》向国家网信部门提交安全评估，并依据《互联网信息服务算法推荐管理规定》完成算法备案及相关变更和注销手续。”同时，第十六条明确：“提供者应依据《互联网信息服务深度合成管理规定》为生成的图像、视频等内容加以标注。”

此外，这两个法规在与其他相关规定的衔接上也显示出了一致性。例如，在算法备案和安全评估方面，对于生成式人工智能和深度合成技术的产品，它们都设定了明确的要求。例如，《深度合成管理规定》的第十九条规定："那些具备舆论属性或社会动员能力的深度合成服务提供者，应按照《互联网信息服务算法推荐管理规定》执行备案以及相关的变更和注销手续。"第二十条进一步指出："当深度合成服务提供者推出具有舆论属性或社会动员能力的新产品、新应用或新功能时，应根据国家相关规定进行安全评估。"

1.4.4 作者感悟

在人工智能技术日益进步的当下，社会公众面临的信息泛滥境况使得信息真伪难辨，互联网已步入"所见未必为实"的后真实时代。本人即便作为从业者及研究者，都无法针对每条获取到的信息进行真伪验证。

随着越来越多的AIGC内容如惊涛巨浪般砸来，我们将如何应对挑战？

这使得我国监管部门需要持续建设并完善相关配套监管措施，需要根据各业务领域的独特性，逐步制定对应的监管要求，旨在弥补人工智能技术的监管空缺，最大程度地保障社会的信息安全。

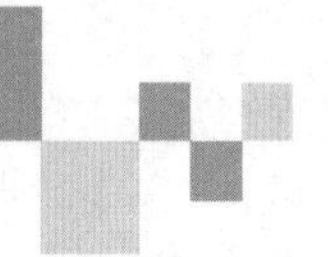

第2章 灵感启发型绘画工具：Midjourney

随着AI技术的进化迭代，各种基于AIGC（人工智能生成内容）技术的产品不断涌现。其中，最普遍的莫过于大量AI绘图模型的出现。

AI绘图，顾名思义，就是用 AI（人工智能）进行绘图，通过在特定软件程序中输入提示词指令或给它“看”一张图片，即可生成新的图片作品。

当前，AI绘画领域各种模型、软件、产品蓬勃发展，看似进入了百花齐放的时代，但提及顶流，Midjourney依然有一定的先发优势，以Stable Diffusion和DALL · E3为代表的软件也正在快速进化。AIGC工具最终究竟“鹿死谁手”，截至本书成稿（2023年11月），依然尚未可知。

2.1 Midjourney与Discord

Midjourney是一款人工智能绘画工具，用户通过简单的文本指令就能引导AI生成复杂的图像。Discord是一个多功能即时通信平台，广泛应用于游戏社区和各种兴趣小组之间的沟通。在数字艺术和社交互动的交织中，Midjourney以Discord频道的形式存在，两者关系好比微信小程序与微信——相互依存，又各具特色。后续Midjourney是否会开发独立APP，我们拭目以待。

2.1.1 Midjourney 是什么

Midjourney由创始人大卫 • 霍尔茨（David Holz）领衔研发，如图2-1所示，诞生于美国旧金山，2022年3月面世，7月开放公测，是一款通过海量图像数据训练的大型人工智能程序模型，可根据用户输入的文本或上传的图像生成新的图像，目前主程序架设在 Discord 频道上。

（a）2022版

（b）2023版

图2-1 （a）为Midjourney2022版，（b）为LOGO2023版

只要输入文字提示，1分钟内，就能通过人工智能快速生成对应图像。

Midjourney一经面世，这款搭载于Discord社区的AI绘画工具，便迅速成为人们讨论的焦点。

2022年，一并涌现众多AI绘画软件，如Novel AI、Disco Diffusion、DALL·E 2、Stable Diffusion等，与Midjourney你追我赶，在市场竞争中协同进化。

2.1.2 Discord 频道是什么

Discord 是国外一款非常火的新型社群聊天工具，类似于 QQ和微信等聊天软件。

可以在Discord中创建不同服务器（社群）、频道，方便用户进行文字、语音、文件共享等多种形式的社交互动，也可调用Discord里不同功能的机器人，其中就有Midjourney团队开发的Midjourney Bot机器人。

Discord 用户可以通过与Midjourney Bot聊天对话，或者调用机器人，直接生成各种类型的图像，并在

Discord 群组和频道中分享，如图2-2所示。

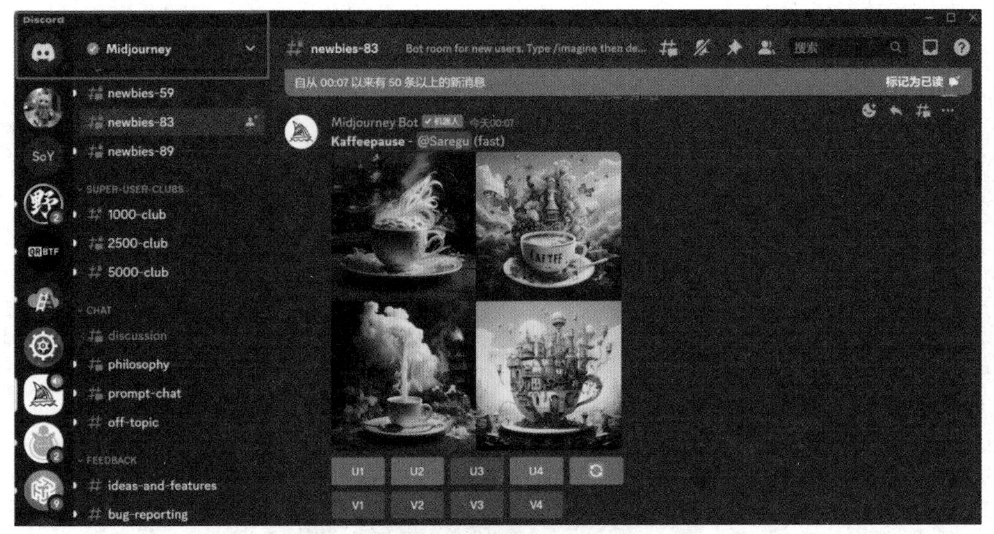

图2-2 基于Discord软件的Midjourney社区

2.1.3 Midjourney 的使用方式

在 Discord 频道的文字对话框中，先调用聊天机器人（Midjourney Bot），再输入提示词，聊天机器人就会根据提示生成对应图像作品。

作者提示：鉴于AI绘画技术的突飞猛进，本章中使用的软件对应功能为2023年11月版本。Midjourney因受限于Discord软件主体，后续可能开发其专属独立APP，在Midjourney尚未同Discord“分手”时，本书可持续作为指导手册为读者提供操作指引。即便Midjourney后续完成独立APP开发，本书中提及的提示词及创作思想依然可辅助读者进行后续创作。

2.2 账号申请及加入社区

使用Midjourney前，需要先注册Discord 账号，然后加入 Discord 软件中的 Midjourney 社区频道，即可开始绘画创作。

注册账号之后，可以在网页端使用 Discord，也可以下载客户端进行使用。

2.2.1 注册 Discord

（1）使用浏览器访问Discord官网，如图2-3所示。

图2-3 Discord官网注册

（2）任意邮箱注册，信息验证。原则上邮箱类型不做限制，但目前仅限使用英文格式邮箱，中文域名对应邮箱无法注册，如test@test.在线、test@test.网络、test@test.公司、test@test.集团等（本文test仅做示意，而非具体邮箱名及商业机构）。邮箱填写完成后，继续填写个人相关信息并注册，如图2-4所示。

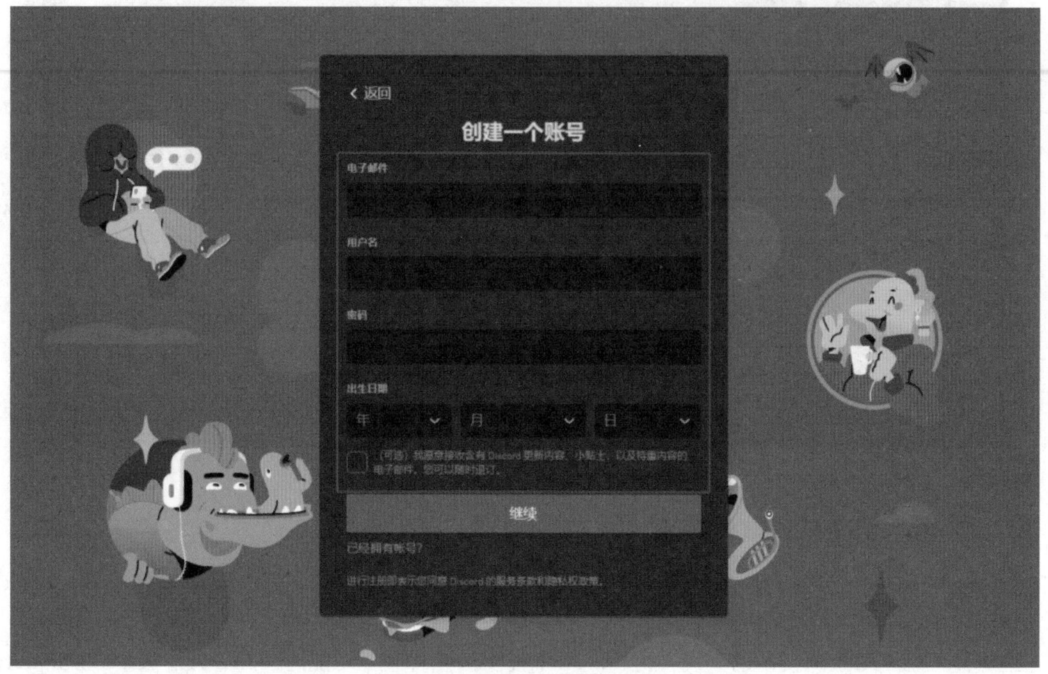

图2-4　Discord个人信息注册

（3）进入页面后，如图2-5所示，表示已经完成注册。

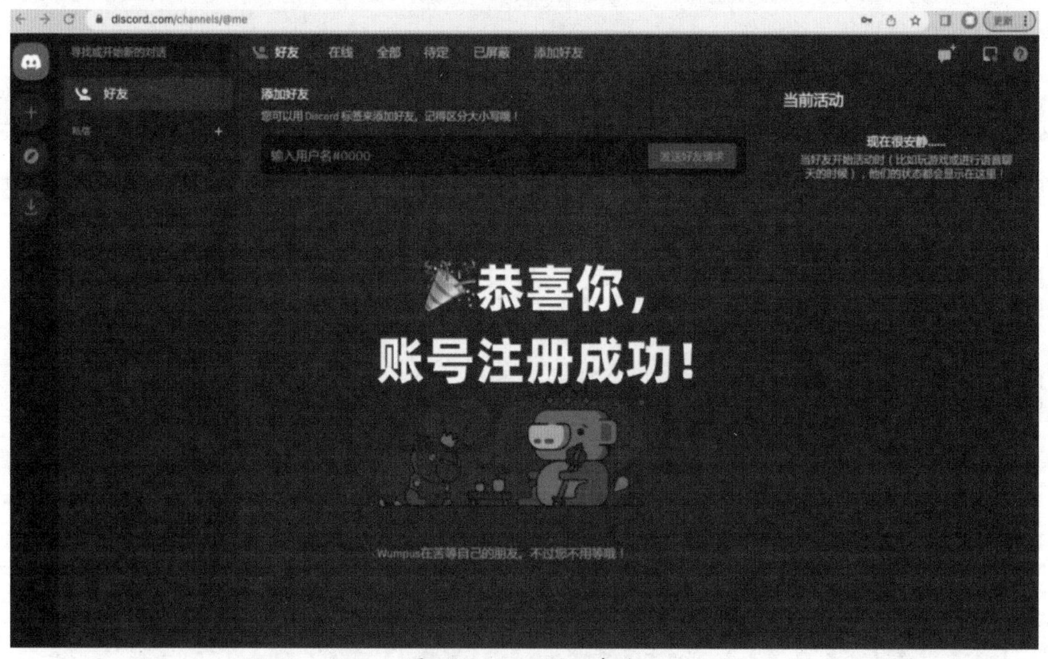

图2-5　Discord注册成功

2.2.2　加入 Midjourney 社区

（1）登录自己的Discord账号，在界面的左边栏中单击“探索可发现的服务器”图标，接着单击“主页”按钮，最后单击Midjourney并进入社群，如图2-6所示。也可通过社交软件向好友获取邀请地址后粘贴至浏览器，然后进入Midjourney服务器。

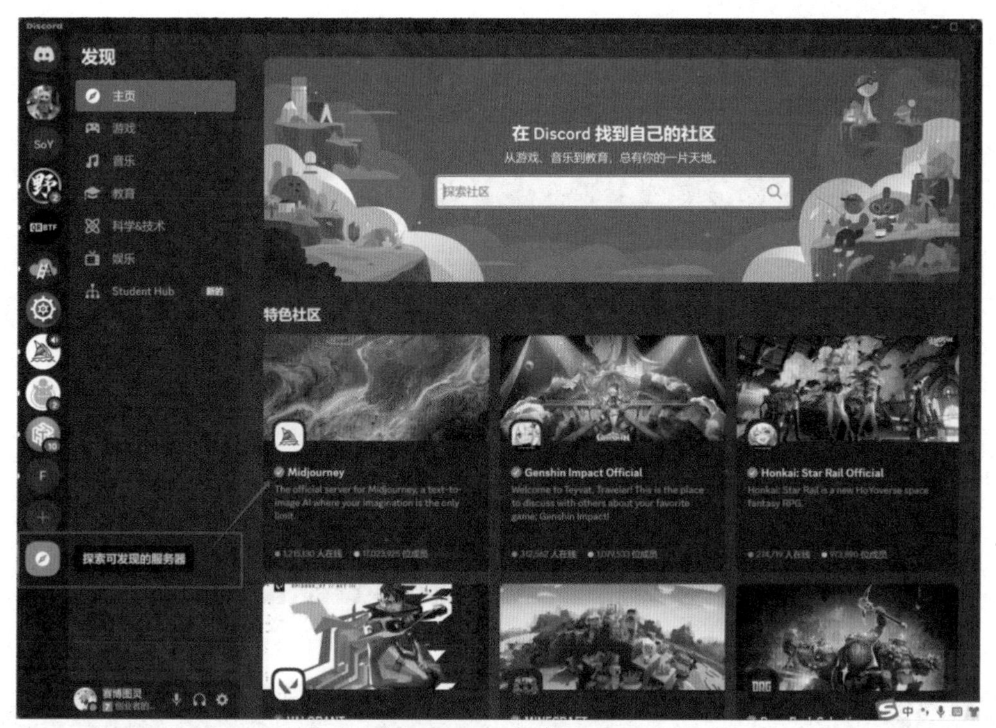

图2-6　登录Discord，找到Midjourney社区

（2）通过首页信息，单击“加入Midjourney”按钮后即可加入Midjourney社区，如图2-7所示。

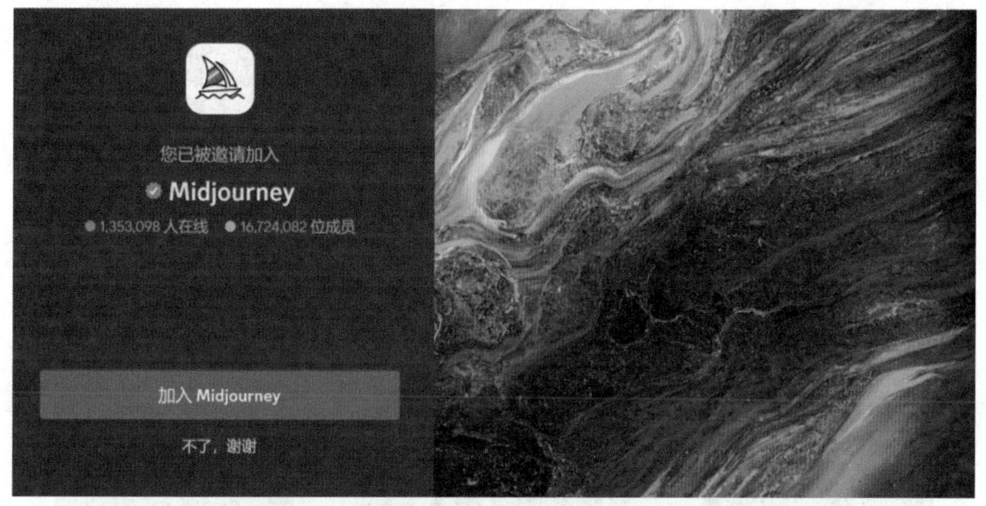

图2-7　Midjourney社区页面

（3）加入成功后，提示信息如图2-8所示。

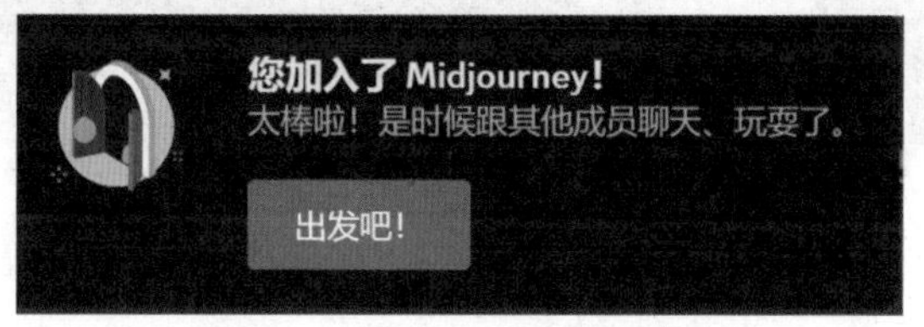

图2-8　Midjourney社区加入成功

提示：未验证邮箱地址的用户无法加入服务器，需完成地址验证。

（4）加入成功后可看到Midjourney的服务器LOGO出现在服务器列表左侧，右侧可以看到创始人DavidH的最新社交动态，如图2-9所示。

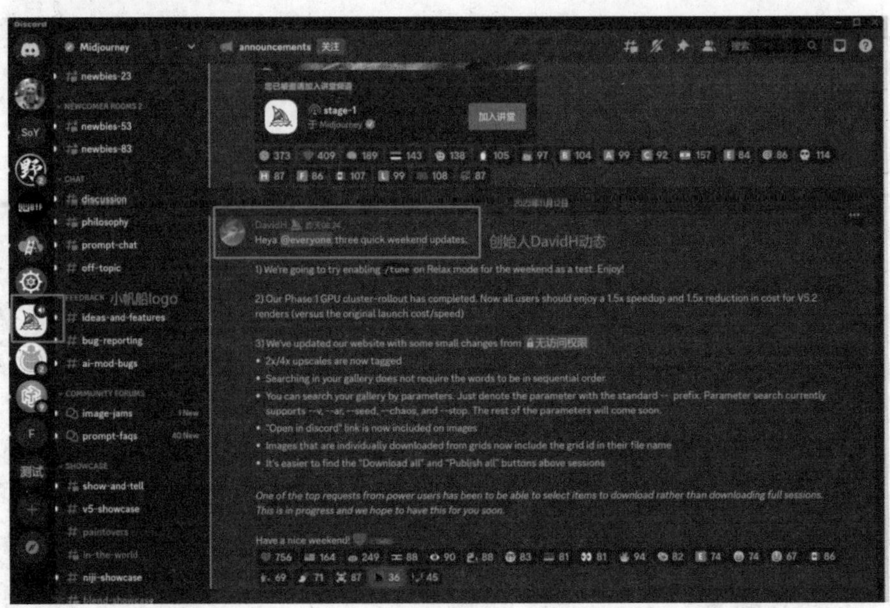

图2-9　成功加入Midjourney社区的页面状态

2.3　软件布局及分区说明

Midjourney的三大模块分区如图2-10所示。

图2-10　三大模块分区

接下来介绍Midjourney的分区说明。

- 左侧栏：最左侧图标为不同社区（大房间），以及社区内不同标签分区的频道（小房间）。
- 中间栏：用户聊天交流，以及使用各种机器人命令服务的区域。
- 顶部栏：可展开顶部的工具栏，如成员名单、搜索栏等。

基于Discord社交软件的Midjourney社区，本书较为推荐的板块为“主页”。这里可以看到被官方挑选并推荐的作品，如图2-11所示，也可以通过留言或私信请求加好友等方式进一步沟通。

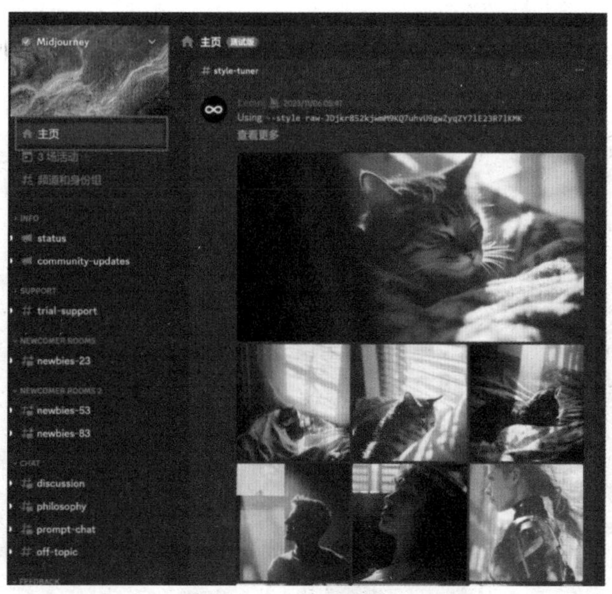

图2-11　主页查看推荐作品

2.4　Midjourney 频道类别与功能

Midjourney中的频道类似于微信里不同的聊天群，可以按所需的功能类别进入对应频道。

按功能模块可以将常用频道分为主页及频道管理区、公告消息通知、帮助与支持、新手区和高手区、讨论区、问题反馈、社区论坛、作品分享展示区、日常主题活动、语音频道等10个模块。接下来分别介绍Midjourney频道的类别与功能。

2.4.1　主页及频道管理区

1. 频道和身份组

频道和身份组功能用于管理浏览标签。

进入频道和身份组页面，可开启或关闭不同频道，以控制页面左侧栏中不同频道区域的显示/隐藏，如图2-12所示。

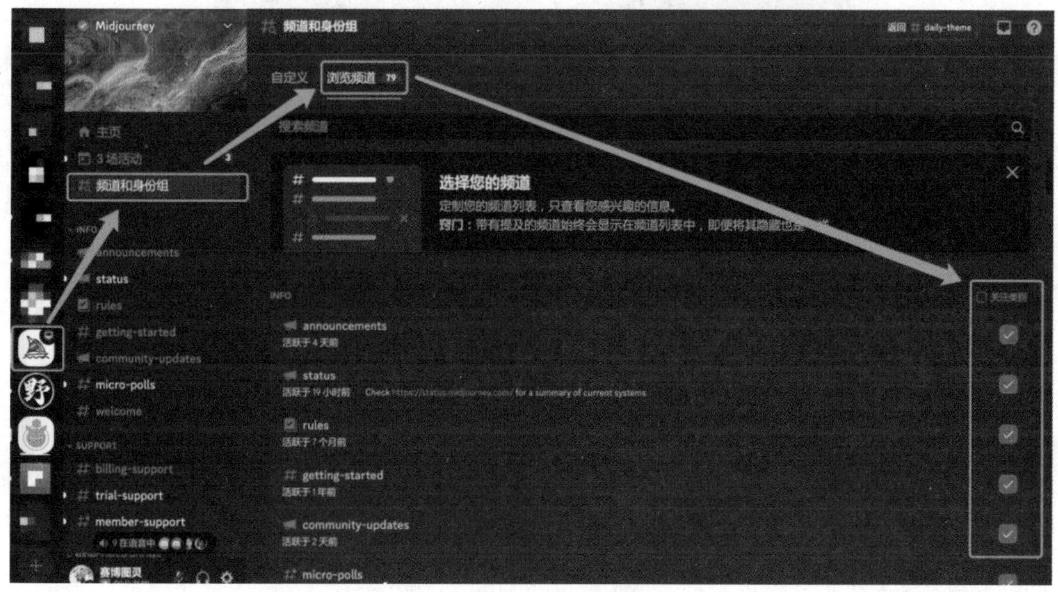

图2-12　开启或关闭频道

2. 测试版主页

Midjourney之前的设定是，新用户加入Midjourney时无法立即看到主页，需使用一段时间后，在左侧频道区顶部看到测试版的“主页”频道，如图2-13所示。

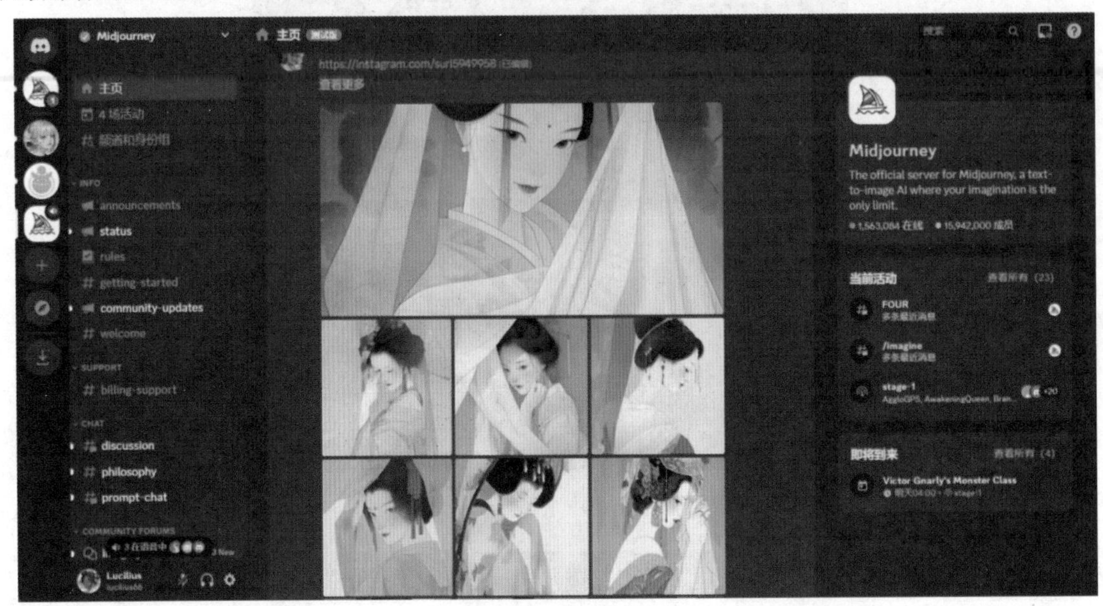

图2-13 主页板块

该频道展示了当前 Midjourney 中最火、最受欢迎及运营人员手工精选并置为精华的作品。来自世界各国的AIGC创作者各自有着独特的审美和创作视角，如图2-14所示，在AI的加持下绘制出令人无比着迷的数字精品。

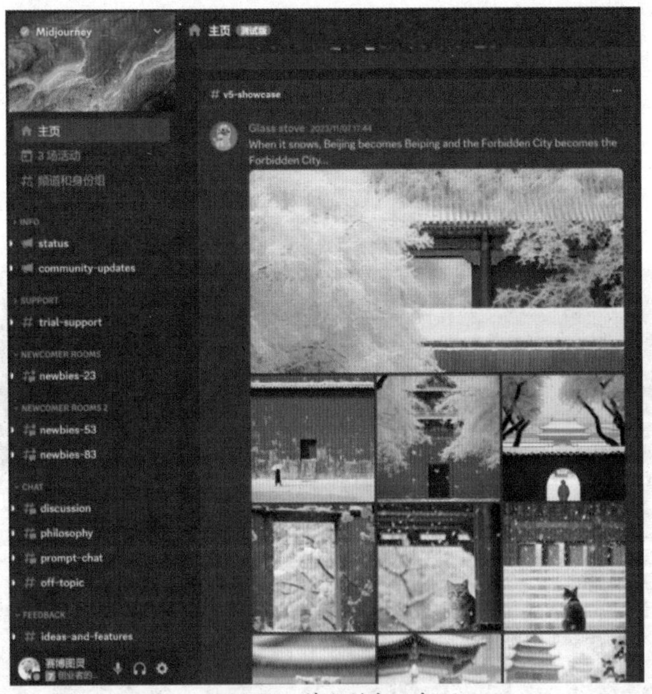

图2-14 精彩创意示意

随着Midjourney产品迭代，“主页”功能于2023年11月消失，后续将会以何种形式和形态回归？让我们拭目以待。

3. 活动

活动频道主要推荐近期各种有趣的活动，可订阅并参加，如图2-15所示。

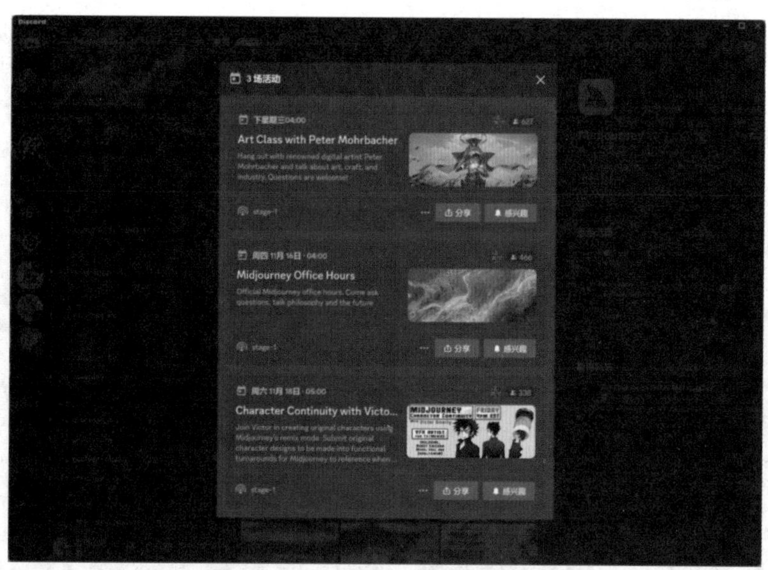

图2-15　活动板块

2.4.2 公告消息通知

1. announcements（公告）

announcements（公告）频道用于查看官方通知及信息，本书建议用户开启勾选。

Midjourney创始人David Holz会在该频道发布功能更新等官宣通知，如图2-16所示。

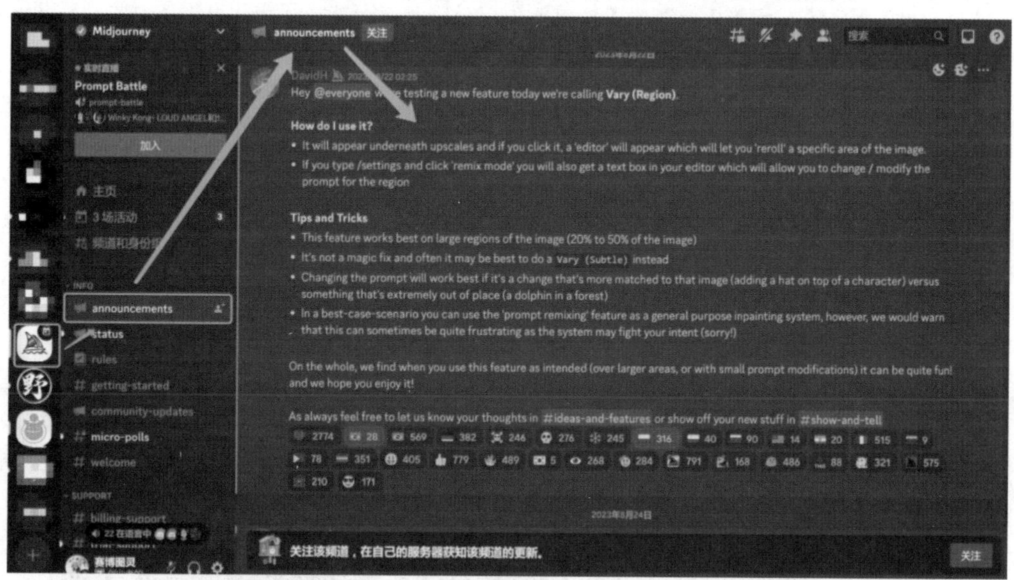

图2-16　announcements（公告）频道

2. status（状态）

status（状态）频道用于显示服务器状态，本书建议用户开启勾选。

若在使用Midjourney中服务器无响应，可以到 status 频道查看是否有官方提醒，如图2-17所示。

3. rules（规则）

rules（规则）频道罗列了相关社区公约守则。作为一个网络交流社区，Discord官方对频繁添加陌生人为好友，私信频繁发送重复内容，社区频道中发表各种血腥、暴力、人身攻击话术等行为都是严格禁止的。

4. getting-started（入门）

getting-started（入门）频道是初次加入Midjourney社区的人员需要了解的，用户可在该频道内查阅如何使用软件、如何订阅付费、如何查看作品等一系列操作指南。

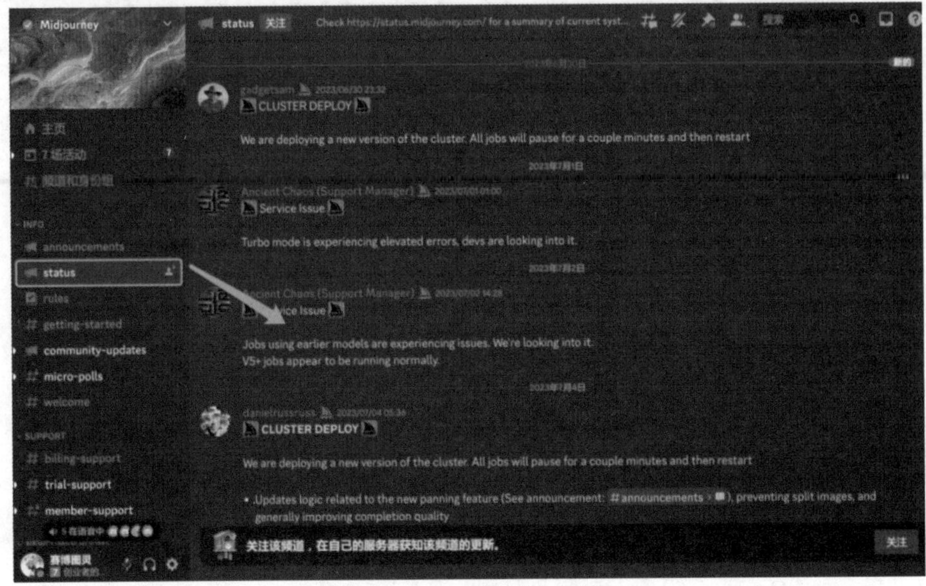

图2-17　status（状态）频道

提示：查看软件的官方说明文档，是快速入门的最佳方式。

5. micro-polls（投票）

micro-polls（投票）频道用于显示社区投票，本书建议用户开启勾选。

创始人David Holz经常在该频道发布投票，听取用户反馈，有可能在一定程度上依据投票结果来决定产品的未来走向，如图2-18所示。

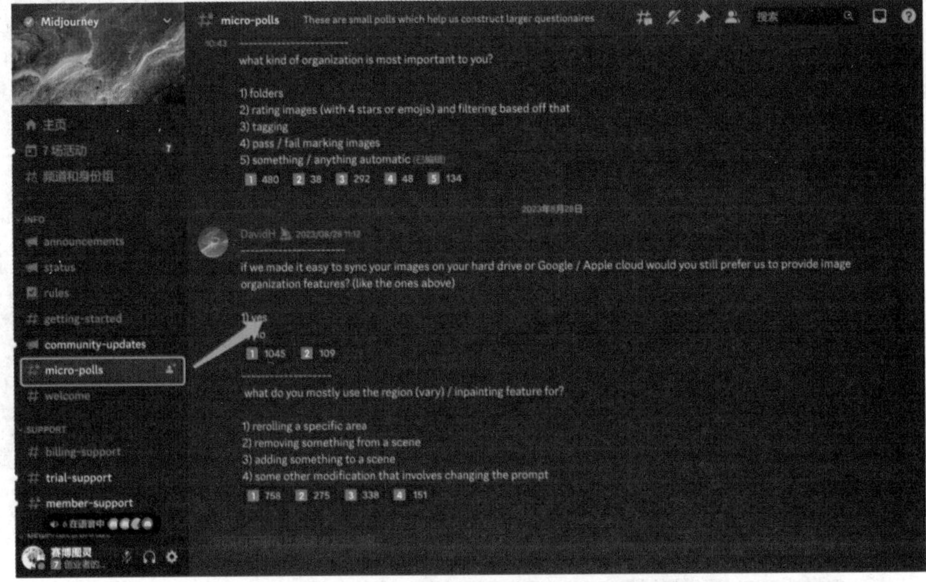

图2-18　micro-polls频道正在进行的投票活动

2.4.3　帮助与支持

member-support（会员支持）频道用于会员问题反馈及解答，本书建议用户开启勾选。

付费会员可在该频道内，搭配翻译软件，如deepl或国内其他优秀翻译软件，辅助自己使用英文描述遇到的问题。也可配合截图（最好是英文），向该频道发送咨询，会有绿色高亮名字的客服于24 小时内提供帮助，在线解答，如图2-19所示。

游客会员则可进入trial-support（试验支持）频道进行咨询。

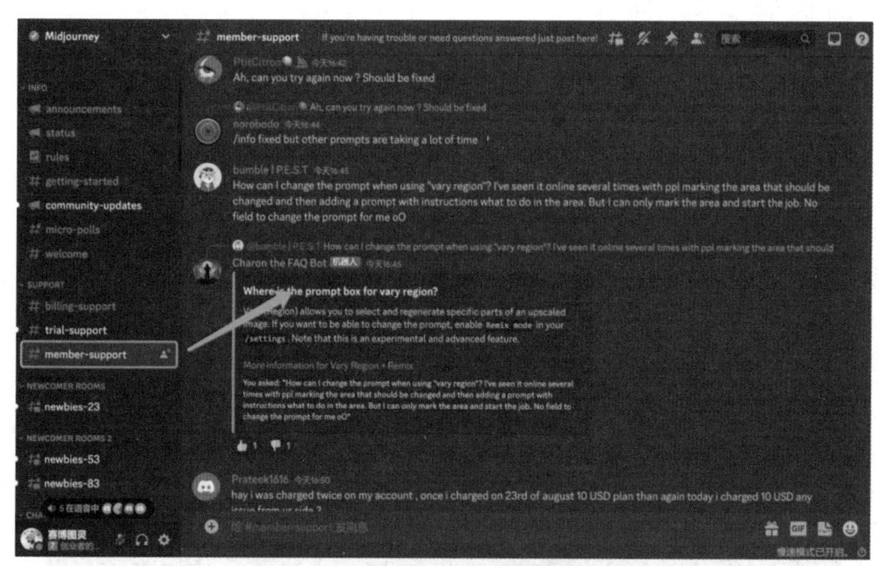

图2-19　member support（会员支持）频道

如果是关于账号申诉、账单计费等问题，可在member-support或billing-support（账单支持）频道查看问题合集或进行相关咨询。

2.4.4 新手区和高手区

1. newbies-xxx（**新手区房间**）

新用户会被随机分配到新手区房间内出图创作，如图2-20所示，因为房间数是随机的，所以新用户操作时无须担心“怎么数字和书上写的不一样”，无须关注具体数字，进入newbies开头的房间即可正常完成“新手区挑战”。

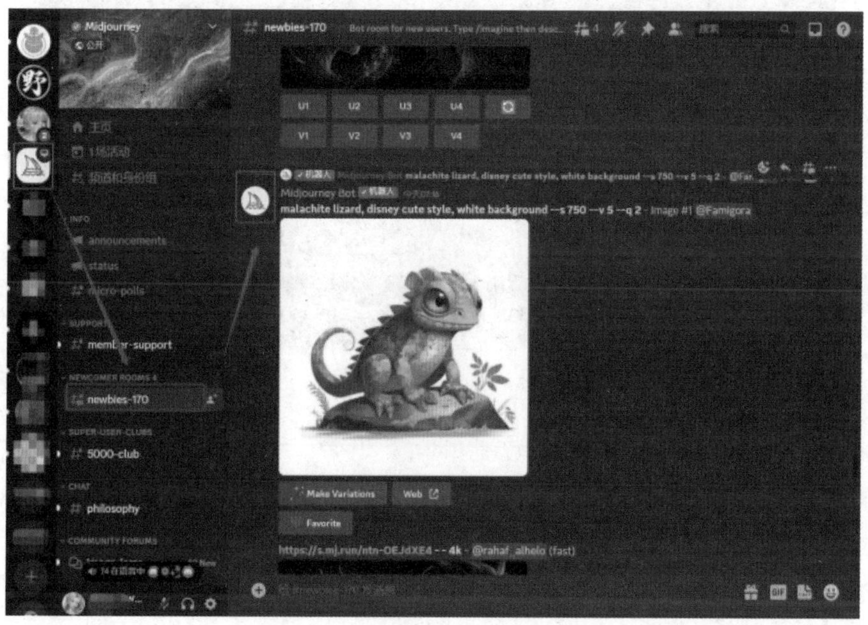

图2-20　newbies-xxx（新手区房间）

也可将机器人邀请到自己的服务器，在自己服务器内创作出图，如图2-21所示。

2. 5000-club（**5000俱乐部**）

出图数量功能用于进入出图数量专属社区，代表创作者的“位阶”，本书建议用户开启勾选。

在有Midjourney机器人房间中的对话输入框内输入/info，隐藏的频道会被刷新显示。总出图量大于5000张，会在Midjourney社区左边频道分区显示该频道，如图2-22所示。

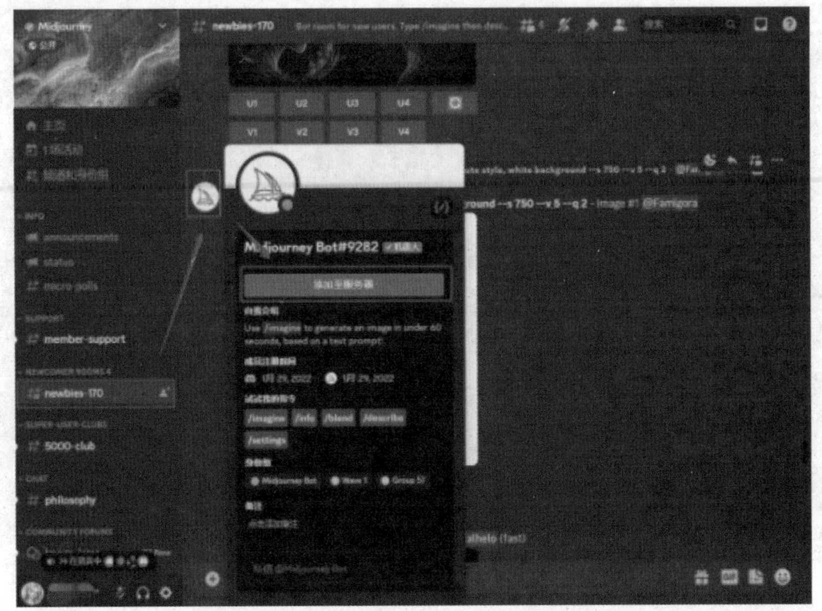

图2-21　newbies-xxx 邀请机器人到个人服务器

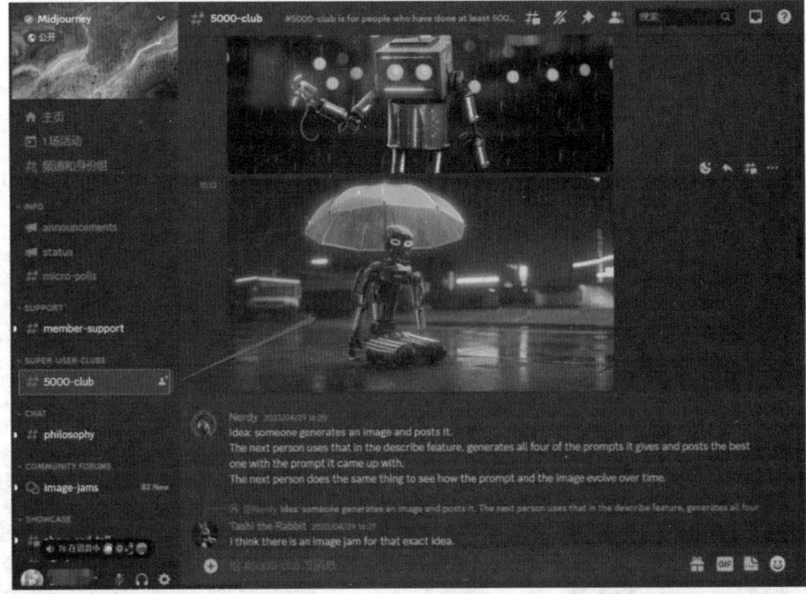

图2-22　5000-club频道

3. Alpha testing（Alpha测试区）

Alpha测试区用于进入专属社区，尤其是“万张俱乐部”作者，本书建议用户开启勾选。

在有Midjourney机器人的房间，在对话输入框内输入/info，隐藏的频道会被刷新显示。总出图量大于10000张，会在Midjourney社区左边频道分区显示该频道。

提示：出图数量在一定程度上代表了创作者的熟练度，和更多同样熟练度的用户一起交流分享提示词和作品，也是快速提升AIGC创作能力的手段之一。

2.4.5　讨论区

1. discussion（讨论）

讨论频道是Midjourney社区给创作者创建的空间，可以交流提示词、创作思路及自己所在国家有趣的事等，交流过程需使用英文。国内创作者使用翻译工具也可以无障碍和外国创作者交流学习。

2. philosophy（**哲学**）

哲学频道的设计似乎是有意吸引创作者探讨一些“高深课题”，如哲学。该频道有 RedDot 等“老一辈AI艺术家”，可以和他们一起交流沟通，例如人机互动等领域知识，如图2-23所示，本书建议用户开启勾选。

也可将整段聊天记录复制到GPT 或者 Claude 中，整段翻译，看看其他用户在交流什么内容。

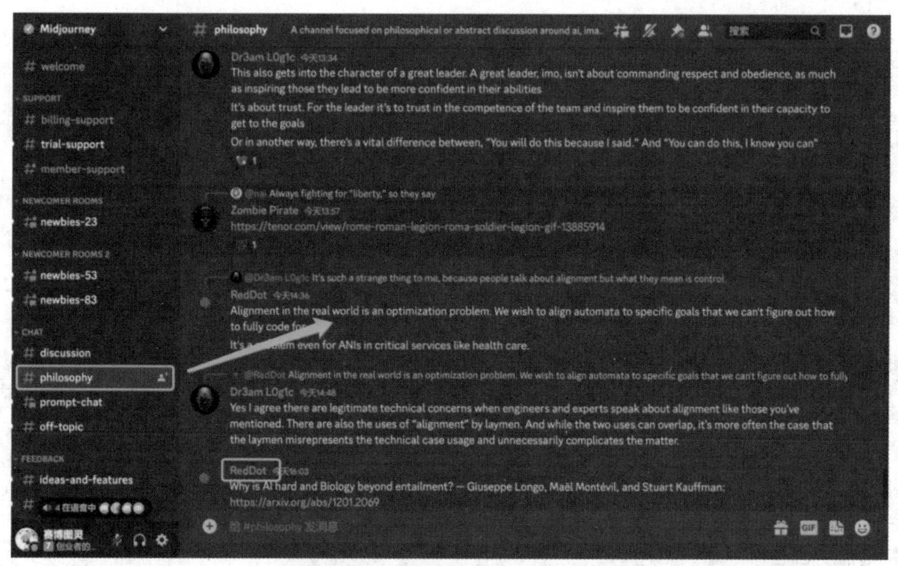

图2-23　philosophy（哲学）频道

3. prompt-chat（**提示词交流**）

提示词交流频道内主要使用英文，讨论交流写提示词（Prompts）的技巧与心得体会。

4. off-topic（**离题**）

离题频道内可以畅所欲言，内容主题不限定于Midjourney。

2.4.6 问题反馈

问题反馈模块下有ideas-and-features、bug-reporting、ai-mod-bugs三个频道，如图2-24所示。主要反馈对于Midjourney工具的意见、建议以及Bug反馈。

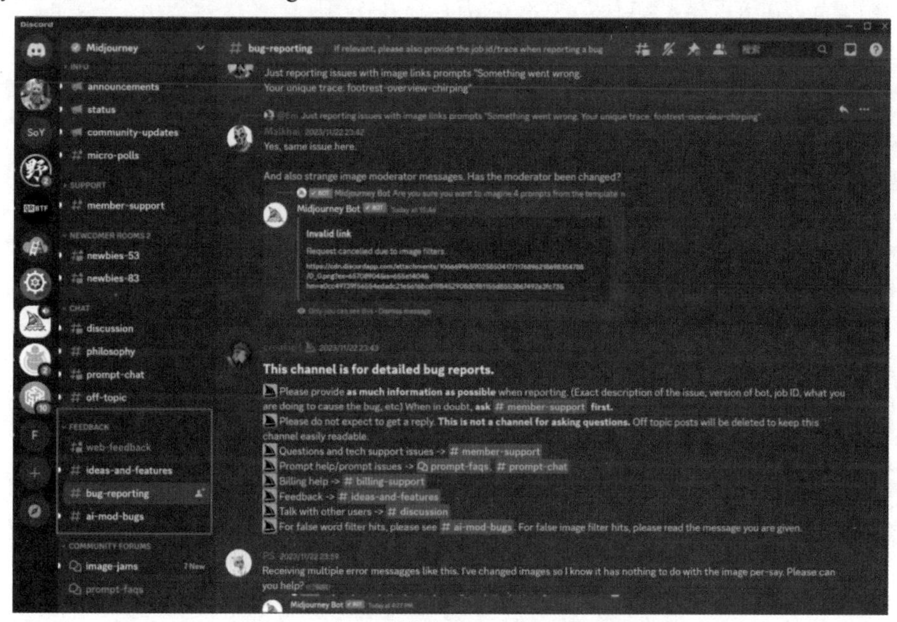

图2-24　提供反馈建议的feedback频道模块

2.4.7 社区论坛

1. image-james（**图片接龙**）

图片接龙频道是用户即兴发挥，玩一些相关主题的接龙小游戏的区域，如图2-25所示。使用这个频道也是学习高手提示词、扩展个人词汇量及获取灵感的手段之一，再结合Discord社交平台属性，有可能结交更多AIGC高手，本书建议用户开启勾选。

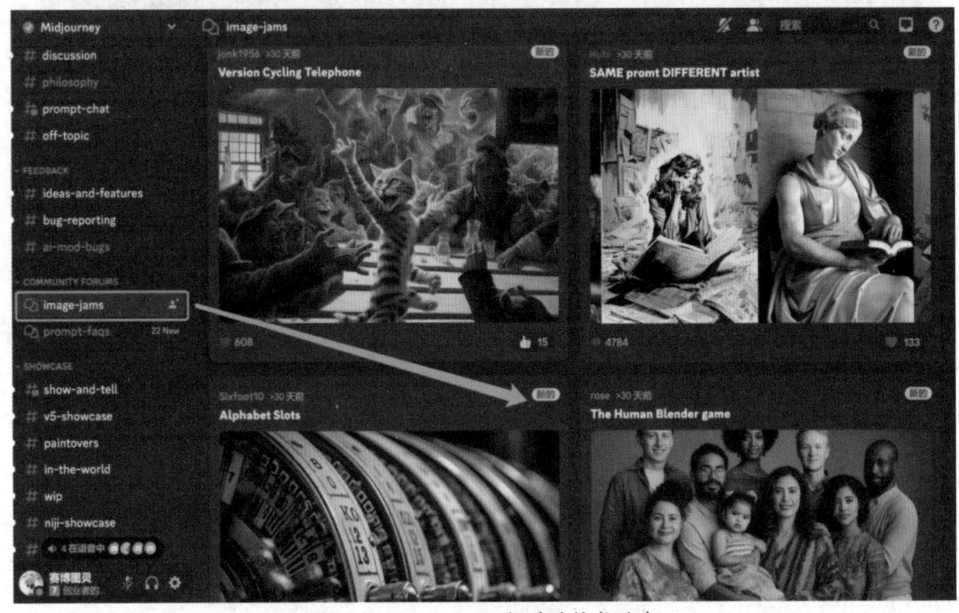

图2-25 image-james频道的接龙游戏

2. prompt-faqs（**提示词问答**）

提示词问答频道内汇总了一些常见的问题，如常见的问答FAQ。新用户若能静下心来将这些问题全部看一遍，能够收获很多启发，以及少走很多弯路。

2.4.8 作品分享展示区

1. show-and-tell（**展示和讲述**）

showcase 频道可以让用户分享各自的作品，介绍自己的创作理念，个人作品发表在这里后，变成热门的概率较大，本书建议用户开启勾选。

在使用一段时间的 Midjourney 后，在频道区顶部，将看到测试版的“主页”频道，在该频道可以展示当前 Midjourney 中最热门、最受欢迎的一些的帖子。

2. v5-showcase（**v5案例展示**）

做一些 v5 版的图片，分享上传自己的作品。

showcase板块设置的目的是欢迎用户踊跃交流，如图2-26所示。未来随着Midjourney版本迭代，或许这里的版本号码也会随之变化，但社区鼓励用户踊跃交流的思路是不会改变的。

基于最新版本号的子分区积极展示个人作品，更容易获得推荐官方推荐的规则依然会延续，无论版本如何迭代，本书建议用户开启勾选。

3. niji-showcase（**案例展示**）

案例展示频道用于niji用户展示showcase，如图2-27所示，为获得更多官方推荐机会，本书建议用户开启勾选。

4. showcase**其他展示频道**

其他展示频道用来展示其他不同子功能的特定作品秀，如局部重绘、放大等功能，如图2-28所示，用户可根据个人创作喜好酌情开启。

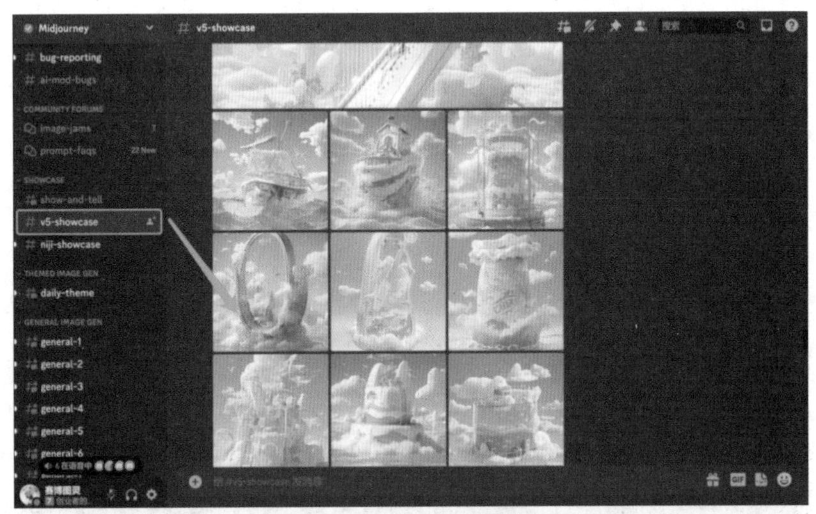

图2-26　v5-showcase频道作品

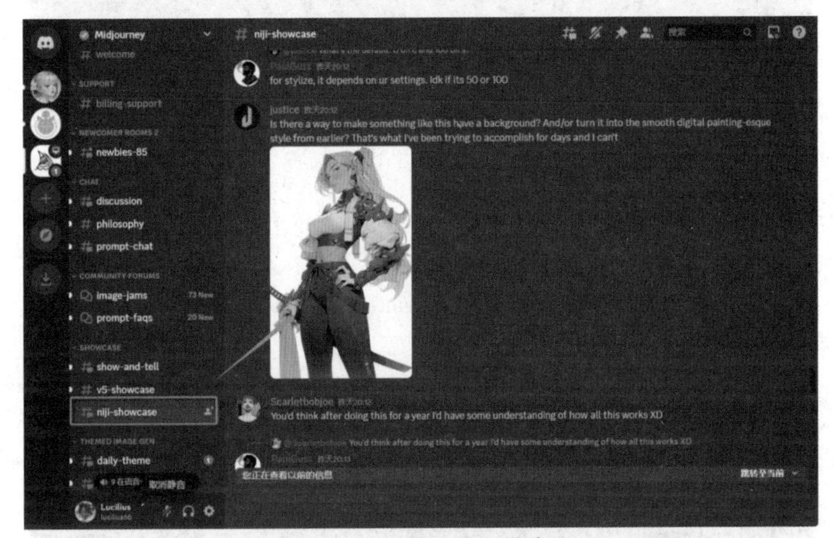

图2-27　niji-showcase频道作品

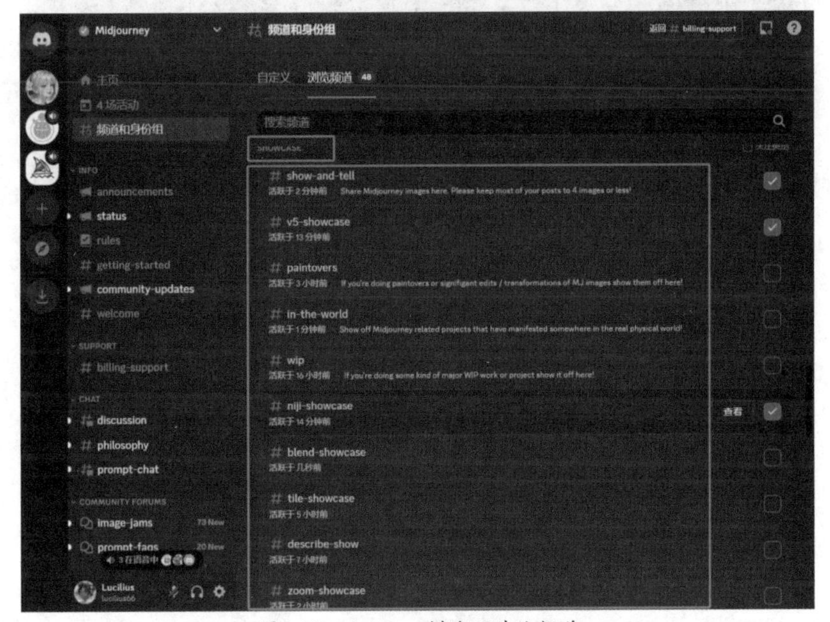

图2-28　showcase模块下其他频道

2.4.9 日常主题活动

THEMED IMAGE GEN为主题性图像生成频道，不同频道主要为不同类型的主题内容，如图2-29所示。

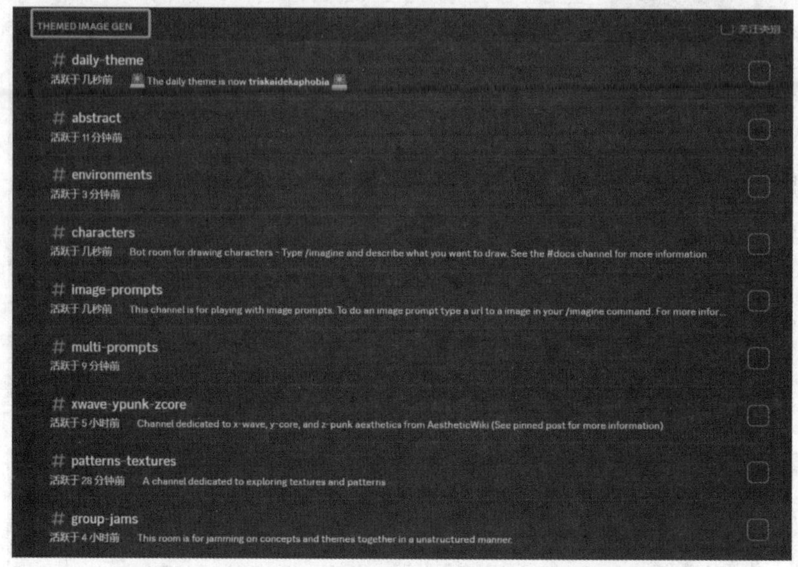

图2-29　THEMED IMAGE GEN模块下不同主题频道区

2.4.10 语音频道

1. vc-text

Midjourney每周都会开启开放式周会，其创始人David Holz会和大家直播聊天，希望第一时间获取官方及创始团队动态的铁杆用户大多会开启这个选项。

一般多于北京时间凌晨 3、4 点发起。所有社区用户可自由进入该频道，进入后即可围观直播，参加活动，如图2-30所示。

子频道包含每周二、三次的直播活动与提及新功能等要点的会议纪要，Office Hours Notes是了解Midjourney最新功能及最新动态的最便捷方式——毕竟这是来自官方的“会议纪要”，如图2-31所示。

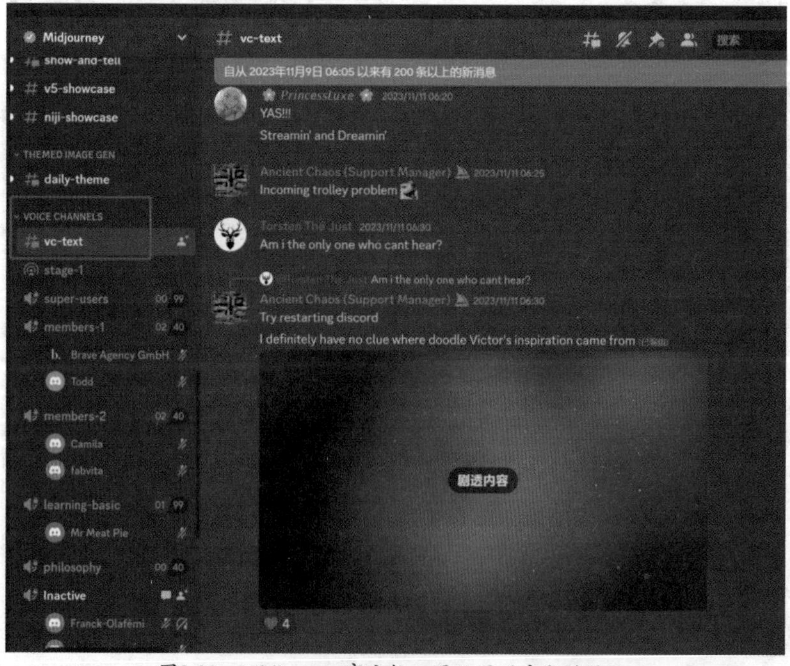

图2-30　Midjourney官方核心团队同用户即时聊天

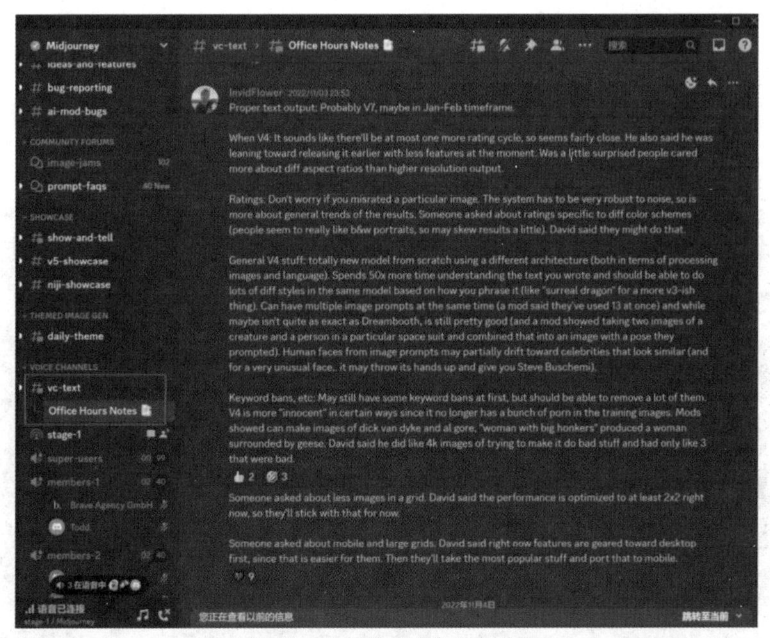

图2-31　子频道的“会议纪要”

2. 自由语音聊天

Discord作为一个多功能社区，也是支持语音聊天的，如图2-32所示，用户可以发起“语音群聊”，类似“微信多人语音通话”。

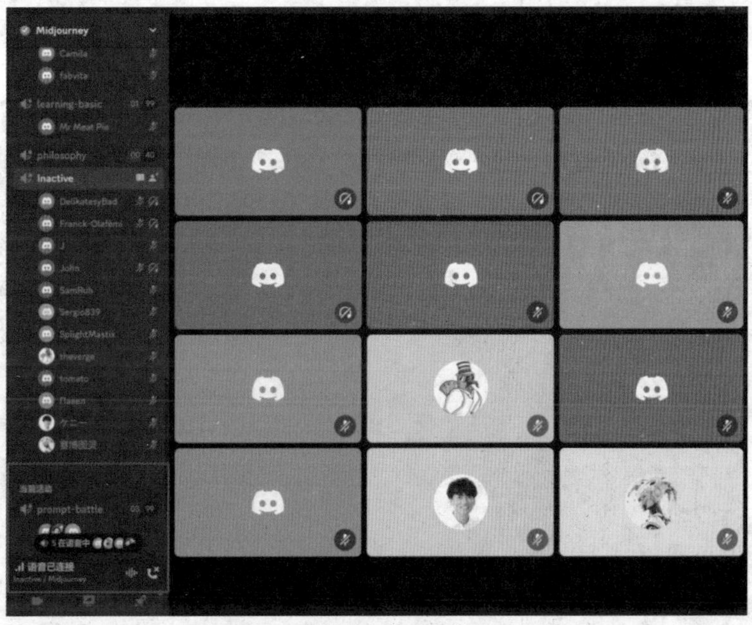

图2-32　正在进行语音聊天的社区用户

2.5　推荐设置及开启隐藏频道

Midjourney作为一款基于Discord社交软件的绘画工具，开辟了若干子频道，接下来介绍推荐频道设置以及怎样开启隐藏频道。

2.5.1　作者推荐的频道设置

本书作者之一——WILDPUSA作为Midjourney资深及重度用户，其个人作品曾超过100次获得Midjourney

社区官方推荐并显示于主页。本节将分享他的个人设置习惯，如图2-33和图2-34所示，他保留了Midjourney最核心的功能频道，也是本书强烈建议各位读者参考的频道设置。

频道建议保留Midjourney官方社区规则（了解官方运营规则，防止个人误操作导致封号）、Midjourney服务器状态（出图速度异常时及时了解服务器状态、是否出现技术故障等）及出图俱乐部（1000、2500、5000、10000等频道，是高手互相学习的重要频道），新手频道可根据个人情况酌情取消关注。

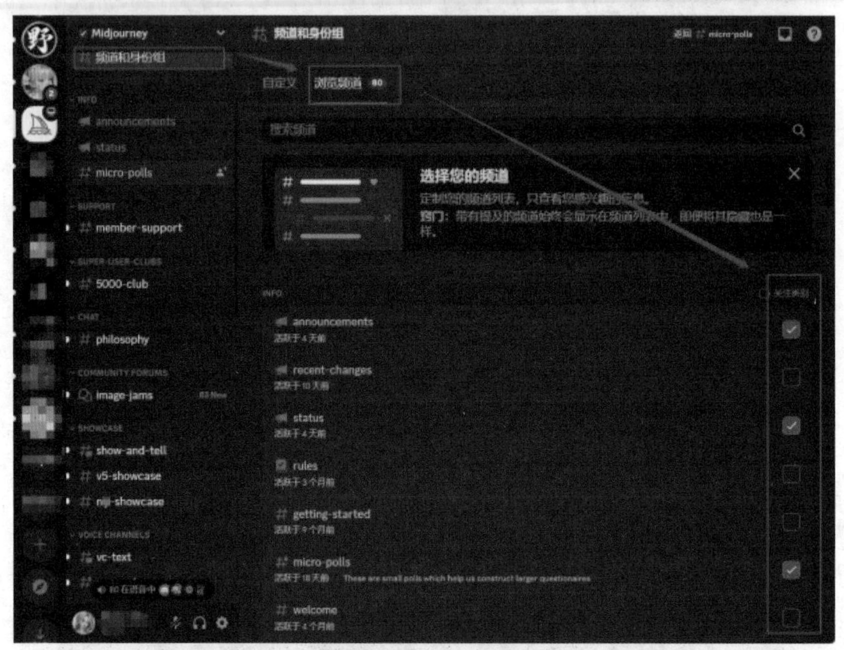

图2-33　频道和身份组设置入口

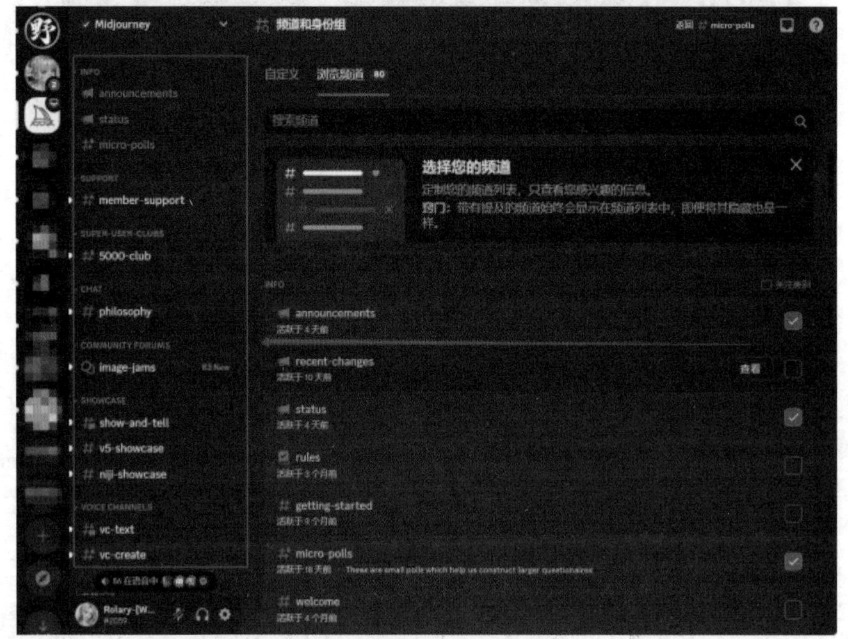

图2-34　左侧栏推荐的频道设置展示

2.5.2　查看出图量及开启隐藏频道

在Midjourney中有很多命令，但多数情况下用户使用极少，接下来主要介绍/info 命令的妙用。

1. 查看出图量

打开有Midjourney机器人的频道，在对话输入框内输入 /info 命令，并按Enter键。用户可以在机器人回复的信息内，看到自己账号的姓名（即注册时填写的姓名信息）、ID、订阅方式、可见模式、剩余Fast时间、出图数、排队或正在运行的作业数量以及订阅续订日期等信息，如图2-35所示。

图2-35　输入/info命令示意图

出图总数量如图2-36所示。

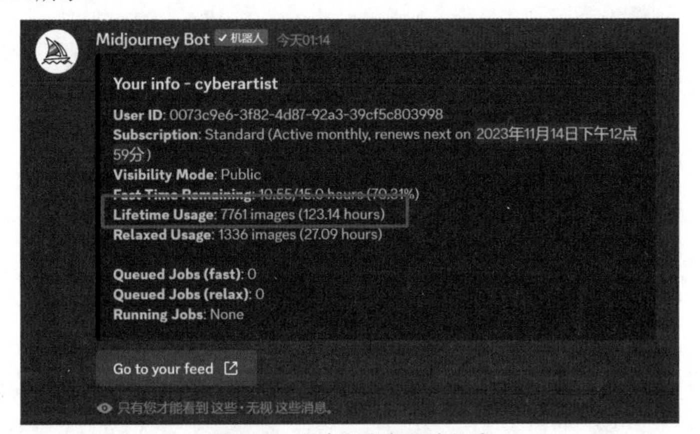

图2-36　当前账号出图总数量

其中，出图总数量以Lifetime Usage（译为“终身统计数据”）的数值为准，即包括用户创建的所有类型图像，如初始4选1网格图像、放大、变种、混合等。

2. 开启隐藏频道

在Midjourney社区，进入general-xx 频道或者newbies等有Midjourney机器人的频道房间，在对话输入框内输入/info命令后，按Enter键即可。

使用该命令后，Midjourney会帮用户重新计算产出了多少张图片。如果数量符合某个等级会员的数量门槛，就会通过这次命令刷新计算后，帮用户开启对应的频道权限和功能。

例如，出图量达到2500 张，会开启2500-club频道；出图量达到5000 张，会开启5000-club频道；出图量达到10000 张，会开启 10000-club频道；以此类推。

出图数量在一定程度上代表着用户对AI绘画的理解及工具熟练度，所以Midjourney才会有“万张俱乐部”的隐藏奖励。

2.6 Midjourney 会员订阅与生成图像

作为一款强大的AI绘画工具，Midjourney设置了不同的收费套餐，接下来进行详细介绍。

2.6.1 Midjourney 会员订阅

要开始使用 Midjourney 生成图像，需要订阅计划。目前Midjourney 一共有4个订阅级别，可以按月或按年支付。

1. **订阅方法**

方法一：在Discord内Midjourney服务器使用/subscribe命令，生成个人订阅链接。

方法二：访问Midjourney官网，登录后进行订阅。

2. **方案比较**

订阅方案分别有基本计划、标准计划、专业计划和大型计划4种。主要有Fast时间、隐私模式、最大作业并发数等区别。

- Fast时间：不同计划，Fast时间不同，一般开启Fast模式，图片渲染速度会快一些，Fast模式可以与Relax 模式结合使用。
- 隐私模式：如果作品用作商业用途，建议创作者开启隐私模式以保护自己的提示词，此时必须选择专业计划或大型计划。
- 最大作业并发数：基本计划与标准计划，可以3条指令同时进行；专业计划与大型计划则可以12条指令同时快速进行。

新手入门，标准计划性价比更高（Fast时间够用，并且Relax会员期内时长无限）；商业用途，专业计划一般足够使用。

3. **管理订阅计划**

在Midjourney服务器下任意频道输入/sub指令，然后单击/subscribe按钮即可打开Midjourney中的个人订阅管理网页，如图2-37所示。

图2-37　订阅管理指令

进入订阅管理页面后，用户可以在其中管理自己的订阅计划，如续订、切换计划、取消订阅、申请退款、购买更多Fast时间等，如图2-38所示。

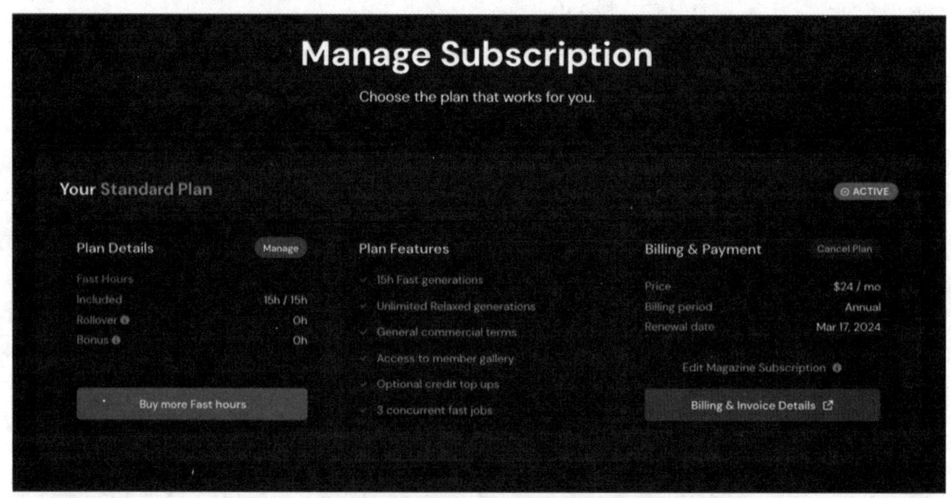

图2-38　Midjourney订阅管理页面

（1）每月续订。

每月未用尽的 Fast时间不会累积到次月，建议用户根据自己的出图需求选择合适的订阅方案。

续订时，快速模式会自动重新激活。

（2）切换计划。

可以随时升级自己的订阅计划，如图2-39所示。

升级可选择立即生效还是在当前计费周期结束时生效；降级始终在当前计费周期结束时生效。

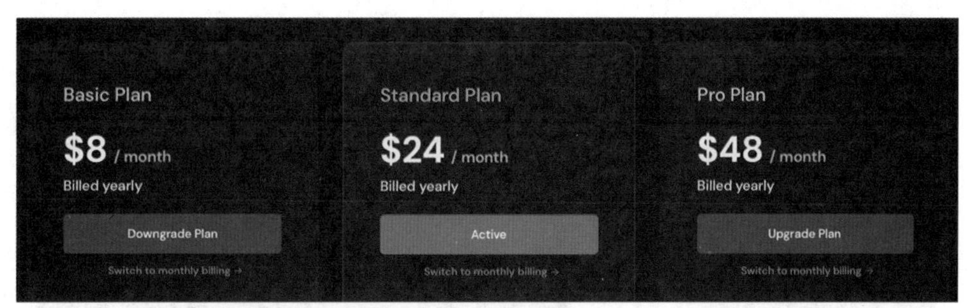

图2-39　切换订阅计划

（3）取消订阅。

访问个人订阅信息网页，可以随时取消订阅。取消订阅在当前计费周期结束时生效。订阅的权益，如访问画廊、批量下载等功能在当前计费周期结束前都可以使用，如图2-40所示。

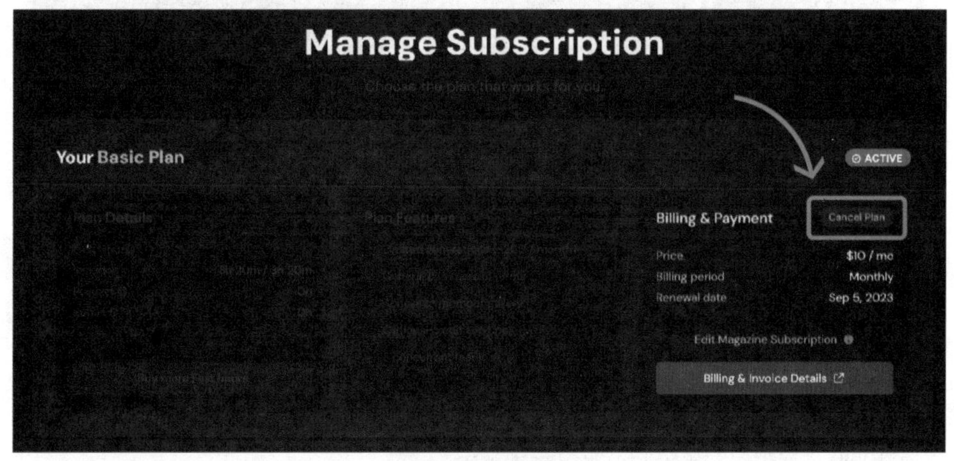

图2-40　取消订阅

（4）查看订阅状态。

使用/info 命令可以查看账户的订阅计划类型、Fast时间、隐私模式状态等，以确定自己是否订阅成功。

2.6.2　生成图像

1. 在Midjourney新手频道创作

（1）打开Midjourney社区，进入任意一栏新手频道，如图2-41所示。

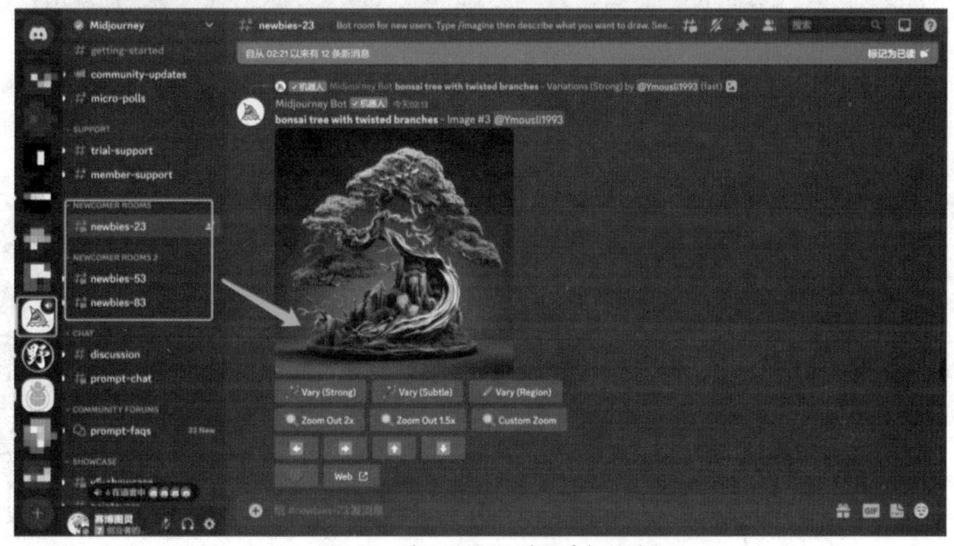

图2-41　进入newbies（新手）频道

（2）找到新手频道底部的输入对话框，如图2-42所示。

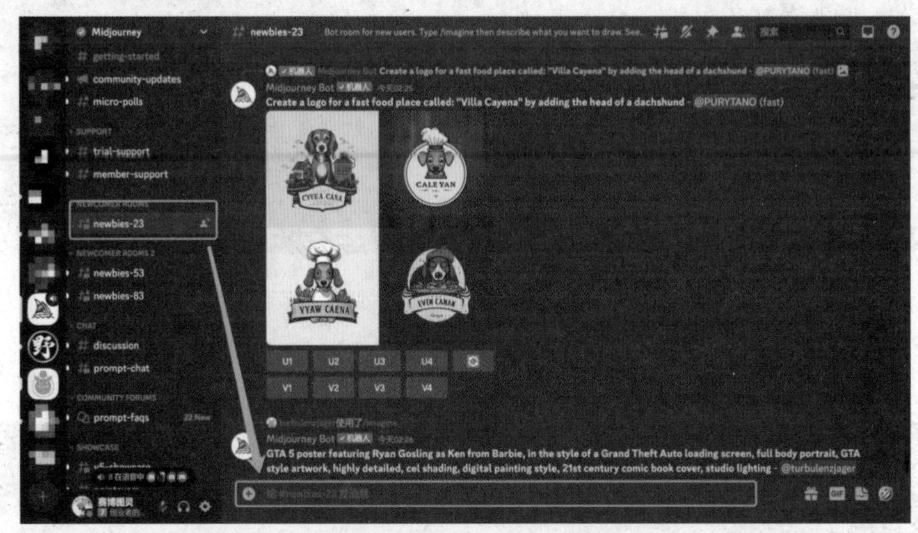

图2-42　频道底部的输入对话框

（3）在输入框内输入“/imagine +空格”，如图2-43所示。

图2-43　在输入框内输入“/imagine +空格”

（4）调出Prompt（提示词）文本框，如图2-44所示。

图2-44　调出Prompt文本框

（5）在Prompt（提示词）文本框中，输入提示词，按Enter键发送，如图2-45所示。

图2-45　输入提示词

（6）选择一张图片，如图2-46所示。按上述步骤，输入白兔超人跳伞的提示词并按Enter键，Midjourney生成4张图片。接下来介绍图片下方9个按钮的含义，其中1～4分别对应图片位置编号（依次从左到右，从上到下），如图2-47所示。

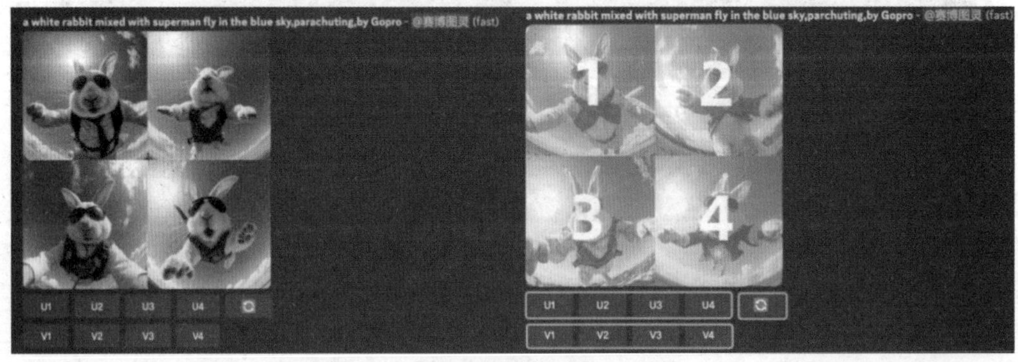

图2-46　选择图片

U代表放大，V代表（保持一定相似度的）变化。

- U1～U4：分别代表选中的图片。
- 旋转图标按钮：意味刷新，重新算图。
- V1～V4：分别代表生成与所选图片相似的变化图。

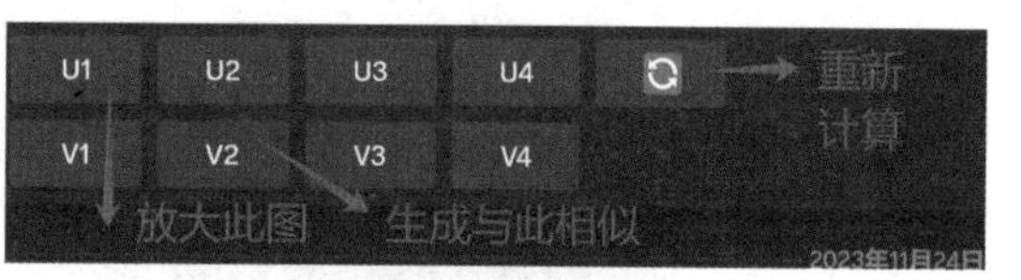

图2-47　按钮功能

每个按钮都会生成一个新的图像网格，该网格会继续保持和所选图像总体样式和构图相似的图像。

（7）升级放大或创造变化。

U的用法（升级放大）：假如，4选1中，用户看中2号图，想放大保存，就单击“U2”按钮，如图2-48所示。

图2-48　四张图中选择第二张放大，单击“U2”按钮

单击按钮后，图片被放大，如图2-49所示。同时按钮变蓝色，表示已操作，不可以重复单击。

随后，消息列表会出现单张图片的图片信息。

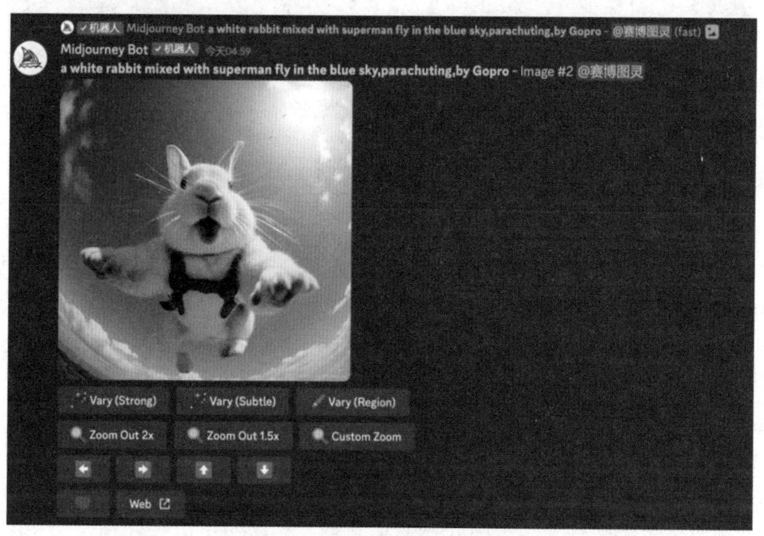

图2-49　使用U放大后的效果

V的用法（创造变化）：当4选1，但对4张图都不是特别满意，想进行微调时，用户可以尝试使用V，如图2-50所示。

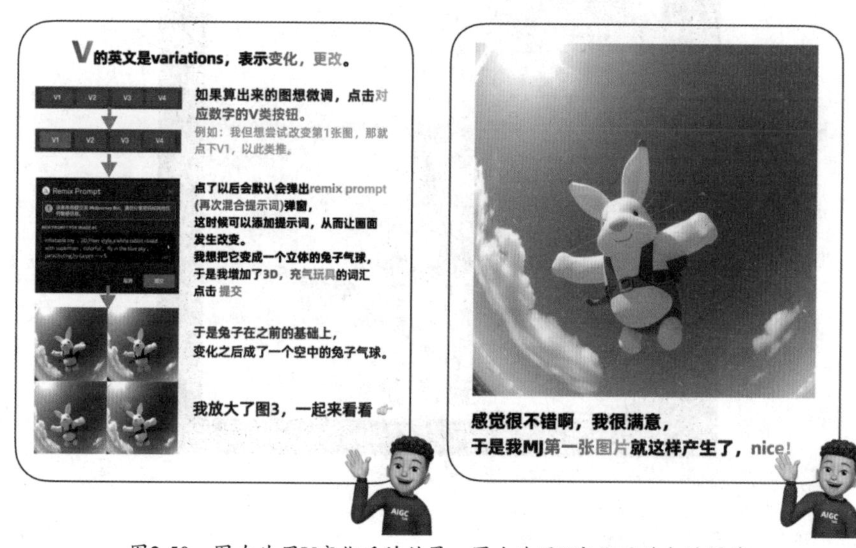

图2-50　图左为用V变化后的效果，图右为用V变化后放大的图片

（8）增强或修改图像。

挑选出单张图像后，如果用户想微调局部，可单击下方扩展选项按钮，对图像做细微调整，如图2-51所示。

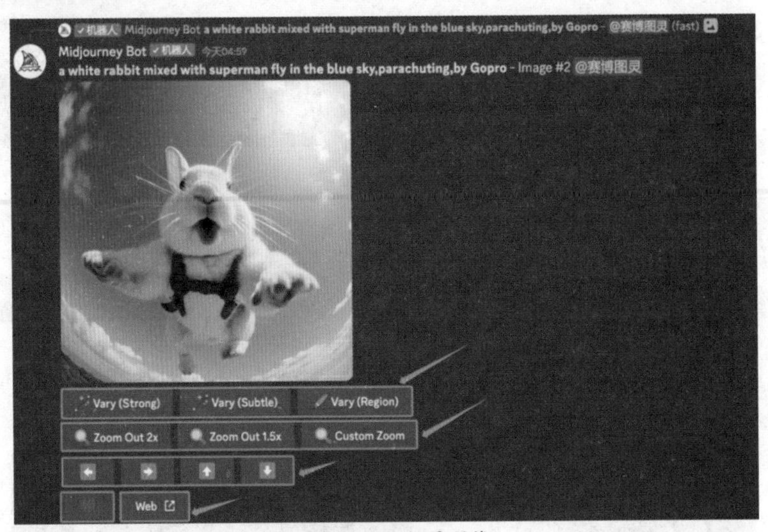

图2-51　细化扩展图像

提示：该选项按钮用于型号版本5.2和niji 5，须在对话框输入/settings命令，选择High Variation Mode或Low Variation Mode。

- 第一排：Vary（Strong）与Vary（Subtle）按钮，使所选单张图像生成4张更强或微妙变化的新图像。
- 第二排：Zoom Out 2x、Zoom Out 1.5x、Custom Zoom按钮，在不改变原始图像内容的情况下，缩小图像，扩展画布的原始边界。
- 第三排："左右上下"平移按钮，可在不更改原始图像的基础上，沿选定方向填充扩展图像的画布。
- 第四排：Favorite（爱心图标）按钮可标记最好的作品图像，以便在 Midjourney 网站上轻松找到。Web按钮：前往Midjourney网页端打开图库中的图像。

（9）预览保存图像。

单击图片可小图预览，单击图片左下方"在浏览器中打开"按钮可以大图预览，如图2-52所示。

图2-52　图片放大预览，并保存

提示：右击图片，可将图片保存至本地。

2. 在个人服务器创作

（1）创建个人服务器。在Discord左侧单击"+"号按钮，如图2-53所示。

（2）单击"亲自创建"按钮，如图2-54所示。

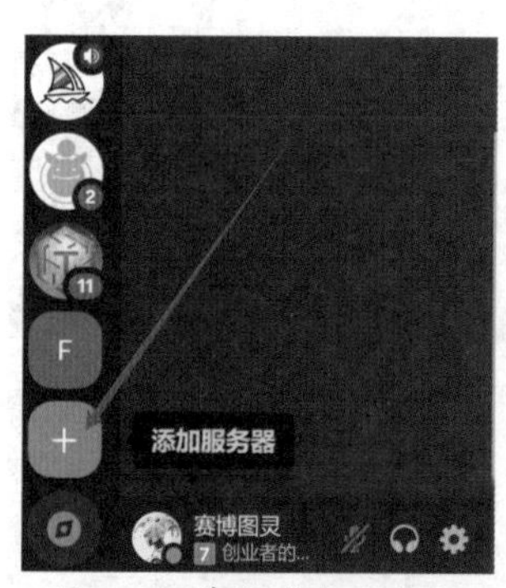

图2-53 单击“+”号按钮

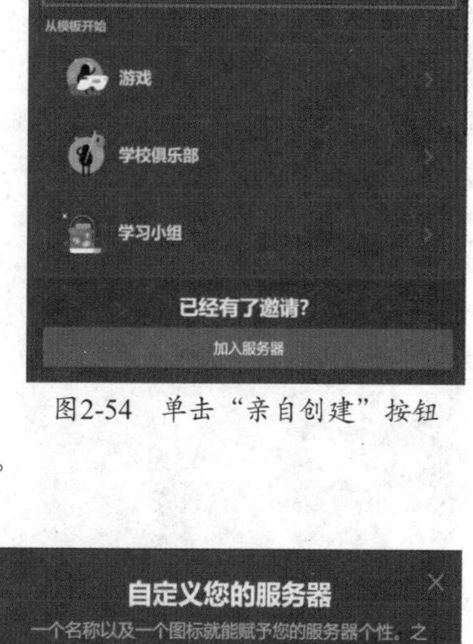

图2-54 单击“亲自创建”按钮

（3）选择“仅供我和我的朋友使用”选项，如图2-55所示。

（4）填写服务器名称及上传图标，如图2-56所示。

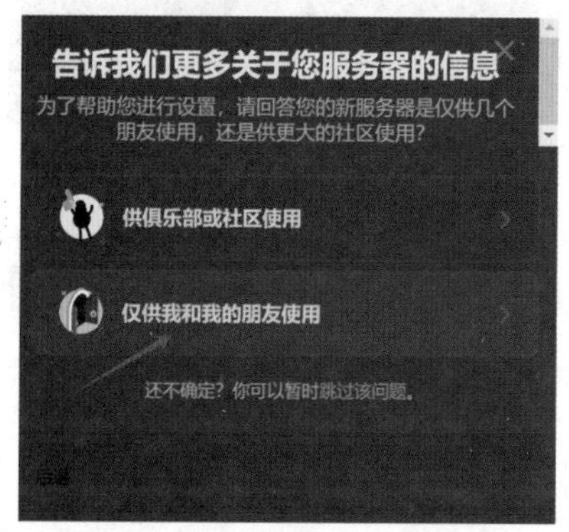

图2-55 选择“仅供我和我的朋友使用”选项

图2-56 填写服务器名称及上传图标

（5）邀请Midjourney机器人到个人服务器。只有当前社区服务器内有相关机器人才能调用机器人。在Midjourney服务器内的任何房间找到Midjourney Bot（Midjourney机器人），如图2-57所示。选中Midjourney机器人后，单击“添加APP”按钮。

（6）将Midjourney机器人添加到自己创建的服务器中，如图2-58所示。

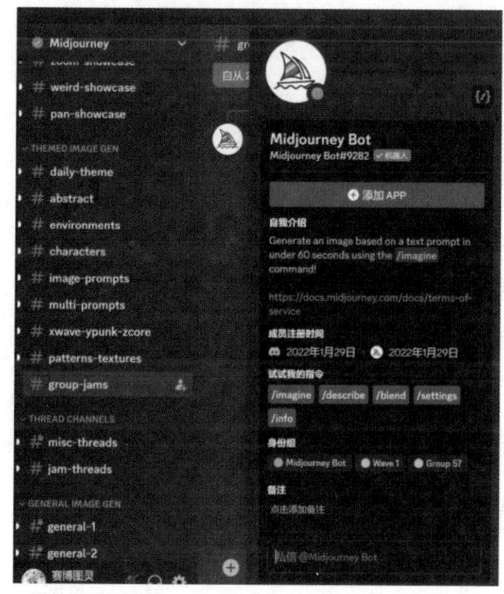

图2-57 Midjourney Bot（Midjourney机器人）

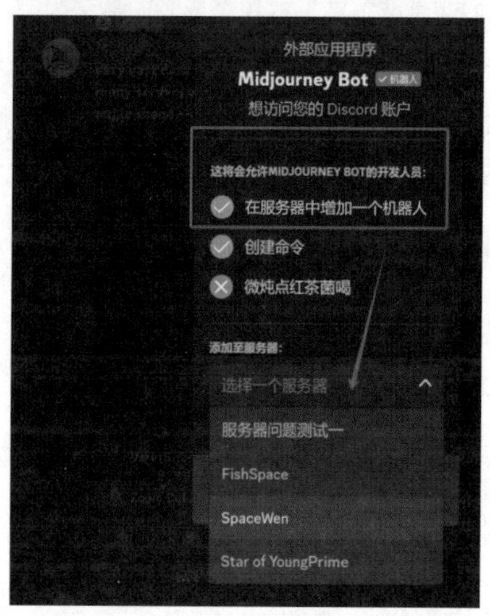

图2-58 将Midjourney机器人添加到自己创建的服务器中

邀请Midjourney机器人成功后，个人服务器才能拥有并使用Midjourney机器人，并使用/imagine命令进行创作，该服务器内成功邀请Midjourney机器人和niji.journey机器人的状态如图2-59所示。

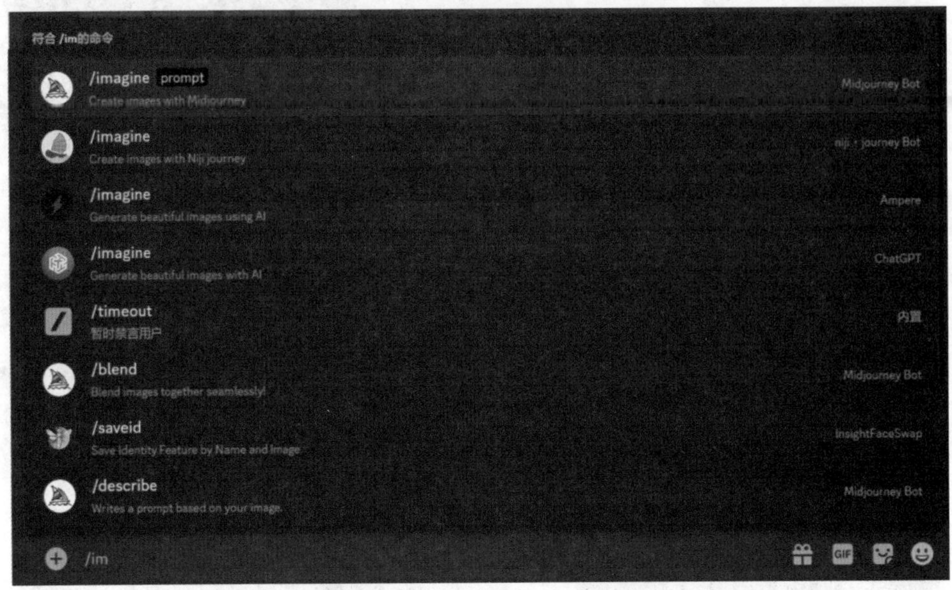

图2-59　邀请成功的状态以及开始使用

2.7 版本参数

Midjourney面世以来已经推出多个版本，画风各异，创作者可在最新版本和过往版本中自由切换，以满足不同的创作需求。

2.7.1 Midjourney 版本定义

Midjourney 定期发布新模型版本，以提高效率、一致性和质量。

在使用时，默认为最新型号，但可以通过添加 --version 或 --v 参数或使用 /settings 命令并选择型号版本来使用其他型号。其中，每个模型都擅长生成不同类型的图像。

--version 版本，目前可使用1.0、2.0、3.0、4.0、5.0、5.1 和 5.2（后续随着版本迭代势必会有新的数值）。

--version可以缩写为--v，作为常用输入形式。

-- v 5.2是截至本书稿件完成时的默认模型，Midjourney软件通常显示当前最高版本。

提示：本节中图片的提示词同为manor full of roses（满是玫瑰的庄园），仅后缀版本参数改，接下来带领读者测试同一组提示词在不同版本下的图像差异。

下文以“提示词”指代“manor full of roses（满是玫瑰的庄园）”。

1. 模型版本5. 2

简介：Midjourney v5.2 模型是2023 年 6 月发布的版本。

用法：将--v 5.2 版本参数添加到提示词末尾，或使用/settings命令并单击 Midjourney version 5.2 模型按钮。

效果：该模型版本可产生更详细、更清晰的结果以及更好的颜色、对比度和构图。相较于早期版本，它对提示词的理解较好，并对整个--stylize参数范围的响应更加灵敏，如图2-60所示。

2. 模型版本 + --style raw（**原始风格**）

简介：模型版本+风格参数是 v5.1 和 v5.2版本中新增的微调绘画风格的技巧。

用法：加入--style raw（原始风格），可以减少Midjourney自带的“AI绘画风格”。

效果对比说明：当我们在 Midjourney 中使用 --style raw 指令时，期望表达自身最原始的想法和创意（即提示词字面含义），如图2-61所示，我们看到的是 AI基于“满是玫瑰的庄园”，展现出其原始的解读和表达，没有过多的修饰，没有复杂的色彩，画面充满了直接性和真实性。

图2-60　提示词（4选1）--v5.2

图2-61　提示词 --v5.2 --style raw

反观不使用 --style raw 的情形，AI不仅仅执行了我们的提示词，进而用更加丰富的色彩和细节来增强画面，如图2-62所示，基于提示词“满是玫瑰的庄园”，AI使用它的理解力、想象力和创造力帮我们完善作品，为画面增加了更多细节。

所以，创作时若追求更为原始和纯粹的表达方式（即提示词字面含义），需加入--style raw指令；若想发挥AI特性探索更为丰富多彩的可能性，则无须加入该指令。

图2-62　提示词 --v5.2

3. **模型版本**5. 1

简介：Midjourney v5.1 于 2023 年 5 月 4 日发布。

用法：将--v5.1 版本参数添加到提示词末尾，或使用/settings命令并单击 Midjourney version 5.1 模型按钮。

效果：该模型比早期版本具有更强的默认美感，并且更易于使用简单的文本提示。它还具有高一致性，擅长准确解释自然语言提示，产生更少的不需要的伪影和边框，提高图像清晰度，如图2-63所示，并支持重复模式等高级功能--tile。

图2-63　提示词 --v5.1

4. **模型版本**5. 0

简介：Midjourney v5.0 版本相比 v5.1 版本而言，生成的图片更接近摄影风格。该模型生成的图像与提示词非常匹配，但可能需要相对较长的提示词才能实现创作者所需的美感，如图2-64所示。

用法：将--v5.0版本参数添加到提示词末尾，或使用/settings命令并单击 Midjourney version 5 模型按钮。

图2-64 提示词 --v5.0

5. **模型版本**4.0

简介：Midjourney v4.0 是 2022 年 11 月至 2023 年 5 月的默认模型。该模型具有由 Midjourney 设计的全新代码库和全新 AI 架构，并在新的 Midjourney AI 超级集群上进行训练。与之前的模型相比，模型版本 4.0 增加了对生物、地点和物体的了解，如图2-65所示。该模型具有非常高的一致性，并且在图像提示方面表现出色。

用法：将--v4.0 版本参数添加到提示词末尾，或使用/settings命令并单击 Midjourney version 4.0模型按钮。

图2-65 提示词 --v4.0

2.7.2 Niji 模型版本

1. Niji 5**模型**

简介：Niji 模型是由Midjourney与Spellbrush合作开发的模型，偏向动漫、插图风格，具有更多的动漫、动画风格和动漫美学知识。非常适合动态、动作镜头以及以角色为中心的构图。

用法：使用此模型，需将--niji 5参数添加到提示词末尾，或使用/settings 命令并选择Niji version 5。可使用--stylize参数，尝试不同风格化范围，微调图像。

2. Niji **参数**

简介：Niji 模型版本 5 可以通过参数进行微调，使用--style参数以获得独特的外观。

用法：尝试--style cute、--style scenic、--style original（使用原始 Niji 模型版本 5，这是 2023 年 5 月 26 日之前的默认值）或--style expressive。

提示：本节展示图提示词同为Sparrows outside the window（窗外的麻雀），所以示例均不修改提示词，仅后缀参数做修改。

3. Niji **出图效果**

Niji的出图效果如图2-66所示。

图2-66　窗外的麻雀 default --niji 5

4. Niji**参数小结**

添加 --style original参数，风格比较原始化，如图2-67所示。

添加 --style cute参数，画风更为可爱，如图2-68所示。

图2-67　提示词 --niji 5 --style original

图2-68　提示词 --niji 5 --style cute

添加 --style scenic参数，侧重于环境场景，如图2-69所示。

添加 --style expressive参数，画风更有张力、表现力，侧重于情态、表情、动作，如图2-70所示。

图2-69　提示词 --niji 5 --style scenic

图2-70　提示词 --niji 5 --style expressive

2.7.3 Niji 5 与 Midjourney 5.2 版本对比

同样一组提示词在Midjourney和niji.journey下会有风格迥异的表现，建议读者养成这样的习惯：若需广泛获取创意灵感，尚未选择作品方向时，可使用相同提示词在Midjourney和niji.journey分别出图，然后再决定使用哪个模型继续展开后续创作，如图2-71～图2-74所示。

图2-71　满是玫瑰的庄园 --v5.2

图2-72　满是玫瑰的庄园 --niji 5

图2-73　窗外的麻雀 --v5.2

图2-74　窗外的麻雀 --niji 5

2.7.4 如何切换版本型号

1. 使用版本或测试参数

将--v4.0、--v5.0、--v5.1、--v5.1 --style raw、--v5.2、--v5.2 --style raw、--niji 5、--niji 5 --style cute、--niji 5 --style expressive、--niji 5 --style original或添加--niji 5 --style scenic等参数到提示词的末尾，如图2-75所示。

图2-75　版本参数添加位置

2. 使用设置命令

在对话输入框中输入/settings，并从菜单中选择需要的版本，单击高亮显示即可，如图2-76所示。

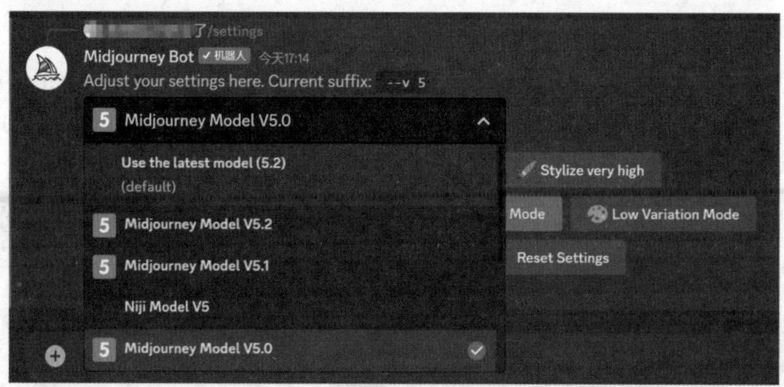

图2-76 使用/settings命令，切换版本

2.8 基本命令

可以通过输入命令，与Discord上的Midjourney Bot 进行交互。命令用于创建图像、更改默认设置、查看用户信息以及执行其他任务。

2.8.1 /imagine 命令

/imagine 命令的作用是使用提示词生成图像，如图2-77所示。

图2-77 使用/imagine命令，输入提示词生成图像

2.8.2 /settings 命令

/settings 命令的作用是设置和预设，/settings命令提供了常用选项的切换按钮，例如模型版本、样式值、质量值和升级版本。还具有/stealth和/public（隐身/公开模式）命令的切换。

提示：添加到提示词末尾的参数，将覆盖使用/settings命令所做的选择，如图2-78所示。

图2-78 使用/settings命令

使用/settings命令，查看模型版本如图2-79所示，在其中选择生成图像时要使用的模型版本，最新模型是默认选择。

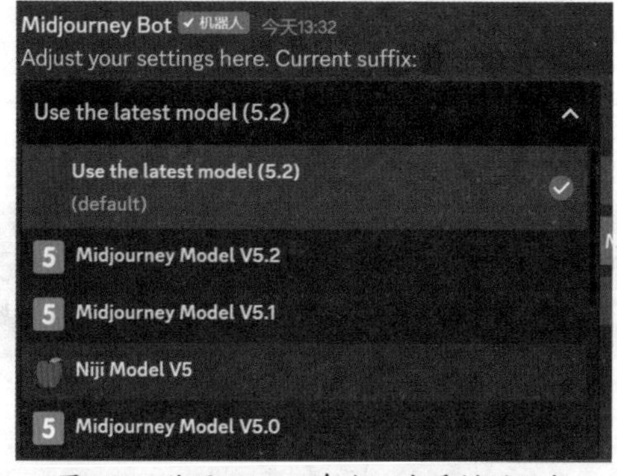

图2-79 使用/settings命令，查看模型版本

1. 列表中版本说明

Use the latest model（v5.2）、Midjourney Model v5.2、Midjourney Model v5.1、Midjourney Model v5.0、Midjourney Model v4.0、Midjourney Model v3.0、Midjourney Model v2.0、Midjourney Model v1.0等。

提示：随着版本迭代，该列表将会持续增加内容。

2. 原始风格参数

Midjourney 模型版本 5.1 和 5.2 可以使用--style raw 参数进行风格微调，用来减少 Midjourney 默认的美感，如图2-80所示。如果选择其他模型版本，则此RAW Mode参数按钮切换不可用。

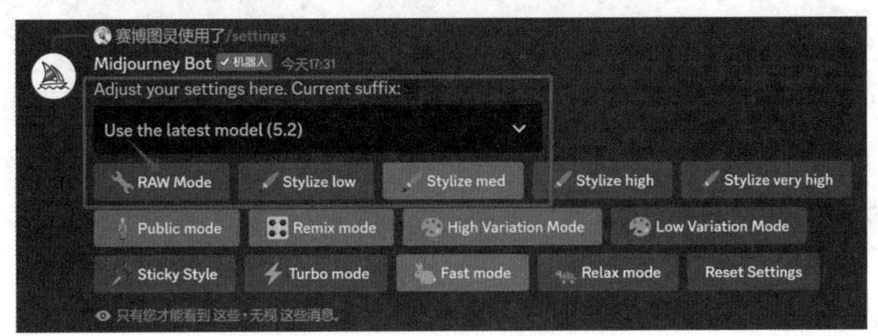

图2-80　版本5.2，未开启RAW Mode

3. 风格化参数

Midjourney 机器人经过训练，可以生成有利于艺术色彩、构图和形式的图像。可使用--stylize或 --s 参数影响此训练的应用程度，如图2-81所示。

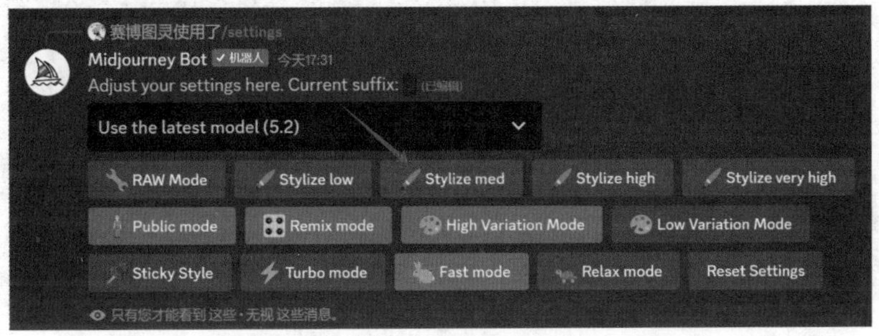

图2-81　版本5.2，已开启Stylize med

低风格化值生成的图像与提示词非常匹配，但艺术性较差；高风格化值创建的图像非常艺术，但与提示词的联系较少。

Stylize low、Stylize med、Stylize high、Stylize very high参数按钮，分别对应风格化低 = --s 50、风格化中 = --s 100、风格化高 = --s 250、风格化非常高 = --s 750。

4. 公开和隐身模式

Public mode模型按钮在公开模式和隐身模式之间切换。对应/public和/stealth命令，如图2-82所示。

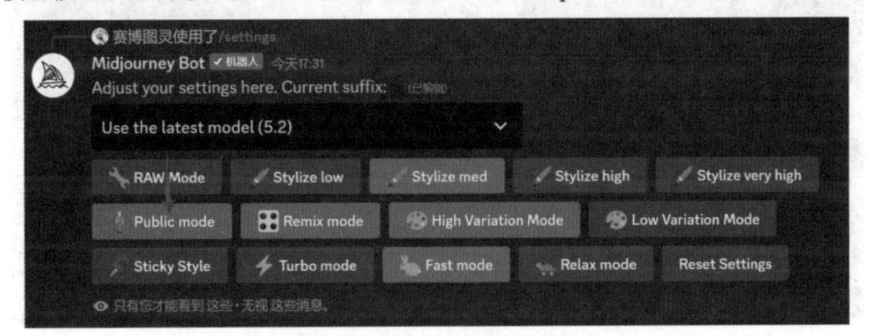

图2-82　已开启Public mode

/public 公开模式：作品可以在 Midjourney 社区中公开展示。这意味着创作者的作品可以被社区的其他成员浏览和评论，也可以被展示在任何公共画廊中。这是默认模式，适用于那些希望分享、展示和交流创作心得的用户。

/stealth 隐私模式：创作过程和最终作品都不会公开显示在社区公共画廊或任何公共领域，只有作者本人能看到。这个模式适合不希望被公开展示的特定作品或用于商业创意。

5. 混合模式

Remix mode可以更改提示、参数、模型版本或变体之间的纵横比，采用原始图像的起始构图并将其用作新图像的一部分，如图2-83所示。

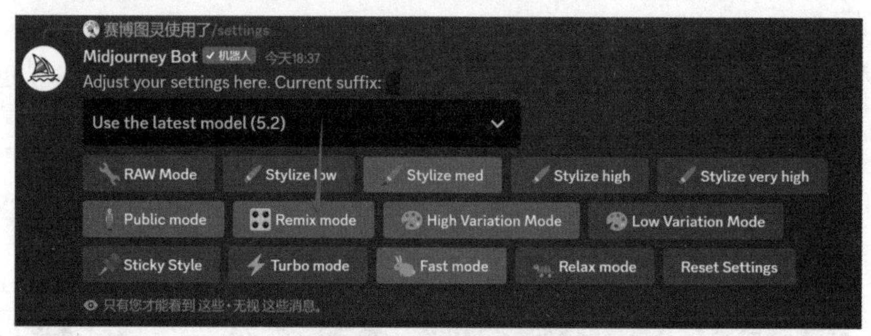

图2-83　已开启Remix mode

6. 高变化/低变化模式

在High Variation Mode（高变化模式）和Low Variation Mode（低变化模式）之间切换，如图2-84所示。

这是一个让AI释放/收敛想象力的功能，十分有趣，本书建议读者做对比测试：即同一组提示词，分别在High Variation Mode（高变化模式）和Low Variation Mode（低变化模式）出图。

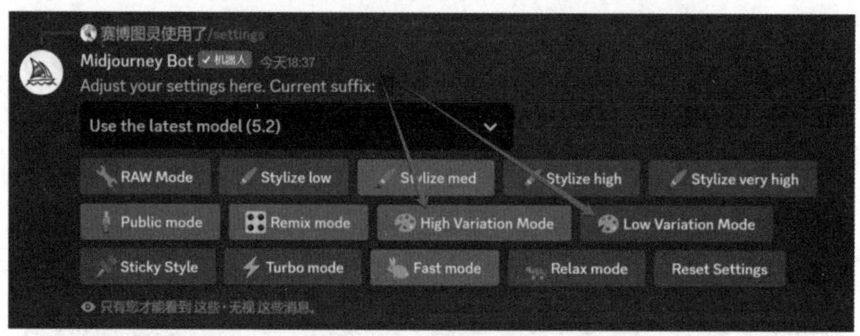

图2-84　已开启High Variation

接下来使用提示词The shetland sheepdog，take the space shuttle（喜乐蒂牧羊犬，乘坐航天飞机）做对比测试，如图2-85和图2-86所示。

图2-85　High Variation Mode（高变化模式）

高变化模式下，AI的理解似乎是“狗狗是飞船的一部分”；低变化模式下，AI的理解似乎是“狗狗乘坐飞船”。读者可根据自己的提示词及创意用途，不断摸索该指令的用法。

图2-86 Low Variation Mode（低变化模式）

7. 加速、快速和放松模式

Turbo mode、Fast mode和 Relax mode分别在Turbo、Fast 和 Relax 模式之间切换，如图2-87所示。

对应/turbo、/fast、/relax命令以及--turbo、--fast、--relax参数。

图2-87 当前开启Fast mode

Turbo mode（极速模式）：该模式的主要特点是速度最快（相对其他两个模式而言）。在 Turbo mode 下，图像生成的速度会非常快，但这可能以牺牲一些图像质量为代价。该模式适用于需要快速生成图像或者想要迅速看到结果并进行初步评估的场景。

Fast mode（快速模式）：Fast mode 是一种平衡速度和质量的模式。它比 Turbo mode 慢一些，但通常会产生更高质量的图像。这种模式适合在保持较快生成速度的同时，也需要较好图像质量的场合。

Relax mode（放松模式）：Relax mode 则主要关注于生成高质量的图像，即使这意味着需要更长的时间来完成。在这种模式下，AI 会花费更多的时间来细化和优化图像，适用于不那么着急看到结果，但希望得到尽可能好的图像质量的用户。

提示：鉴于Midjourney的未使用时长不会积累到次月，建议读者根据自己剩余的订阅时间切换对应出图模式。

8. 重新设置

Reset Settings为移除当前设定，恢复默认设置。

2.8.3 /info 命令

用户信息（/info）命令，查看有关当前排队和正在运行的作业、订阅类型、续订日期等信息，刷新隐藏的频道，如图2-88所示。

各字段含义说明如下。

- Subsrcription（订阅）：显示用户当前订阅套餐以及下一次续订日期。
- Visibility Mode（可见性模式）：显示当前处于公共模式还是隐身模式。隐身模式仅适用于 Pro Plan 订阅者。

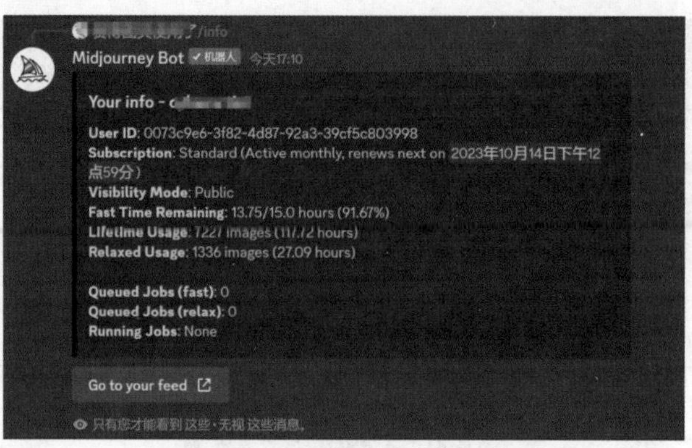

图2-88　使用/info命令，查看用户信息

- Fast Time Remaining（快速出图剩余时间）：当月剩余的Fast GPU 时间。快速 GPU 时间每月重置一次并且不会结转。
- Lifetime Usage（图像生成总次数）：统计截至当前时间点的Midjourney出图总数，包括所有类型的生成（Midjourney下所有图像操作都计入总次数，如4选1、放大、变化、混合等）。
- Relaxed Usage（轻松模式生成总次数）：统计截至当前时间点的Relax模式出图总数，数量计算规则同Lifetime Usage。
- Queued Jobs（fast）（快速模式队列数）：当前处于快速模式下运行的任务数量。
- Queued Jobs（relax）（轻松模式队列数）：当前处于轻松模式下运行的任务数量。
- Running Jobs（当前执行任务数）：当前正在执行中的任务数量。

2.8.4 /subscribe 命令

/subscribe命令用于订阅服务（付费），查看个人付费状态，修改当前付费套餐或退订。

2.8.5 /prefer suffix 命令

/prefer suffix命令在所有提示后自动附加指定的后缀。

可以使用/settings命令并选择 Reset Settings清除首选后缀。

2.8.6 /show 命令

/show命令可以使用图像Job ID在Discord中重新生成图片作业。

1. 查找图像的Job ID

Job ID 是 Midjourney 生成的每个图像的唯一标识符。

Job ID 可以在所有图像文件名的第一部分、网站的 URL 以及图像的文件名中找到。

（1） 在Midjourney网页端。

在个人画廊中，执行“选择” | Copy...|Job ID命令，如图2-89所示。

图2-89　在网页画廊，复制Job ID

（2） 来自网址。

在Midjourney图库中查看图像时，任务ID 是 URL 的最后部分，如图2-90所示，如jobId= 9333dcd0-681e-4840-a29c-801e502ae424。

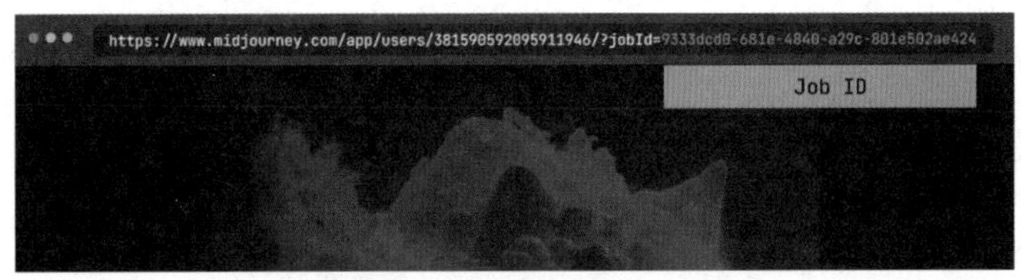

图2-90 在网址，复制Job ID

（3） 从文件名来看。

查看从图库下载的图像时，任务 ID 是文件名的最后部分，如图2-91所示，该图片任务ID：user_cat_cloud_spirit_9333dcd0-681e -4840-a29c- 801e502ae424.png。

图2-91 在文件名，复制Job ID

（4） 使用Discord表情符号反应。

使用信封表情符号，进行反应操作，将已完成的任务发送给机器人，如图2-92所示。机器人回复的信息里包含图像的种子号和作业 ID。

提示：反应操作仅适用于自己的任务。

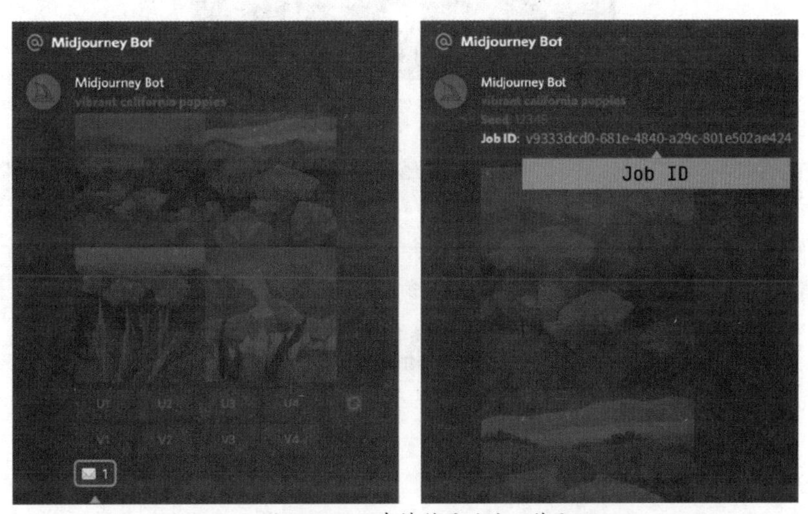

图2-92 使用Discord表情符号反应，获取Job ID

2.使用/show 命令，在任何有Midjourney机器人的频道内，都可输入 /show <Job ID #>，来查看图片任务，即该Job ID对应的图片重新生成一次，如图2-93所示。

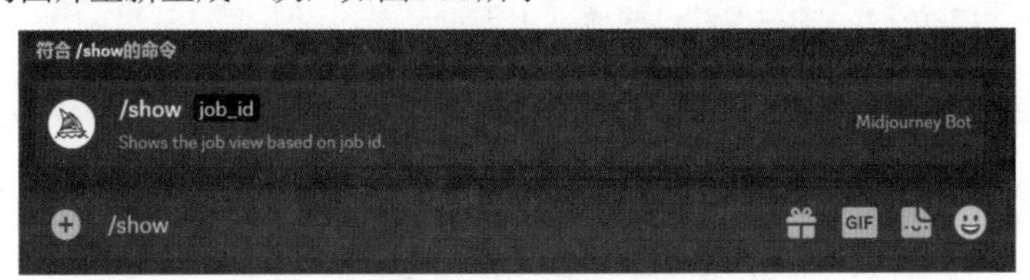

图2-93 输入/show 命令

2.8.7 /describe 命令

/describe命令根据用户上传的图像，获取对应关键词，Midjourney解析完成后，会返回4个可能的选项供用户选择。

如果用户想尝试其中某个Prompt来生成图片，单击相应的数字即可。如果用户对解析出来的Prompt不满意，也可以单击“重新解析”按钮，Midjourney会为用户重新解析出4个可能的Prompt。但通过本书的大量测试，该功能准确性有限。

本书为了测试Midjourney机器人的功能准确性，为其上传了两张宣传海报图，Midjourney显然未能很好识别，如图2-94所示。

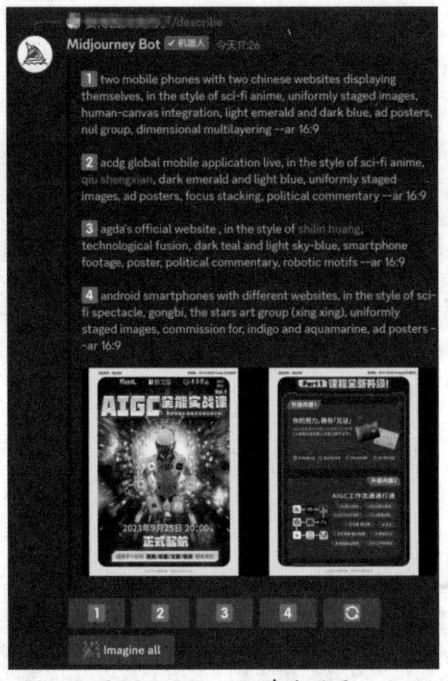

图2-94 /describe 命令效果

2.9 基本参数

参数是添加到提示词中的选项，用于更改图像生成方式。参数可以更改图像的长宽比，模型版本切换等。参数始终添加到提示词的末尾，并且可以在每个提示词后添加多个参数，如图2-95所示。

图2-95 参数使用

提示：某些苹果设备会自动将双连字符（--）更改为长破折号（—），Midjourney能同时接受以上两种提示词输入方式。

2.9.1 纵横比

参数--aspect或--ar 用来更改生成图像的纵横比。出于记忆与输入方便，常用--ar形式。

纵横比是图像的宽度与高度之比。通常用冒号分隔两个数字，例如 7:4 或 4:3，使用即是--ar 4:3，如图2-96所示。

提示：--ar 必须使用整数，使用 139:100，而不是 1.39:1。

纵横比影响生成图像的形状和组成，放大时某些纵横比可能会略有变化。

图2-96 不同纵横比图像

（1）常见画幅比例。

- --ar 1:1默认宽高比。
- --ar 5:4常用框架和打印比例。
- --ar 3:2常见于印刷摄影。
- --ar 16:9常用于日常工作中需横屏展示的素材（竖屏为--ar 9:16）。
- --ar 3:4适合小红书及抖音平台展示的比例。
- --ar 7:4接近高清电视屏幕和智能手机屏幕。

（2）使用纵横比。

将--aspect <value>:<value>或--ar <value>:<value>添加到提示词的末尾即可。

（3）更改图像画幅比例。

可以使用Zoom Out放大图像上的按钮来更改图像的纵横比。Midjourney机器人将根据提示词和原始图像，添加附加内容来填充新空间，如图2-97所示。

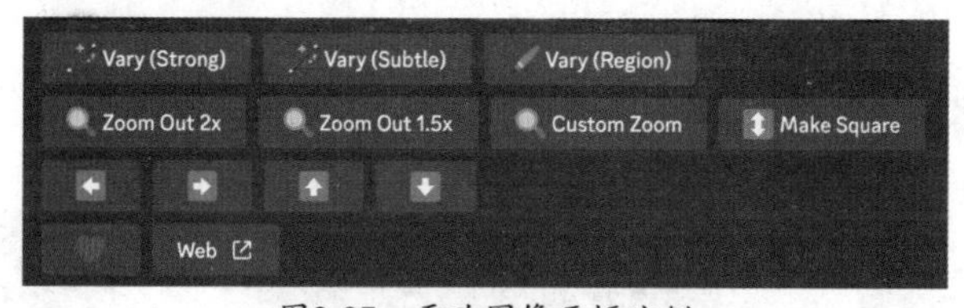

图2-97 更改图像画幅比例

第一次生成的图片如图2-98所示，本次演示使用提示词：android smartphones with different websites, in the style of sci-fi spectacle, gongbi, the stars art group (xing xing), uniformly staged images, commission for, indigo and aquamarine, ad posters --ar 16:9。

图2-98 原始图像

使用了Zoom Out 2x后，图片被扩大2倍，AI给画面周边填充了新的元素，如图2-99所示。

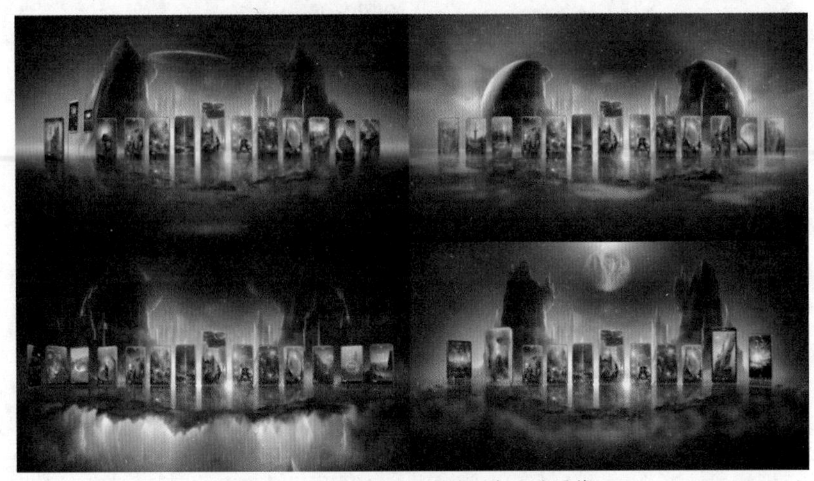

图2-99　Zoom Out 2x扩大2倍后的图像

2.9.2　质量

--quality <0.25, 0.5, or 1>，或--q <0.25, 0.5, or 1>。

其中，更高质量的设置需要更长的时间来处理并产生更多细节。较高的值还意味着每个作业使用更多的GPU 分钟（Fast时间）。质量设置不会影响分辨率，仅影响初始图像生成，且默认--quality值为1。

（1） 质量对工作的影响。

设置越高的--quality并不总是越好。有时，较低的--quality设置可以产生更好的结果，数值高低取决于尝试创建的图像。

较低的--quality设置可能更适合手势抽象外观；较高的--quality值可以改善受益于许多细节的建筑图像的外观。选择最适合自己希望创建的图像类型进行设置。

（2） 质量比较。

提示示例：detailed peony illustration（细节丰富的牡丹图），仅修改后缀质量参数，如图2-100～图2-102所示。

图2-100　提示词 --q 0.25

图2-101　提示词 --q 0.5

图2-102　提示词 --q 1

2.9.3　图像权重

--iw <0～2>设置相对于文本权重的图像提示权重，默认值为 1。

使用图像权重（ Image Weight缩写为iw）参数--iw来调整提示词中图像与文本部分的重要性。--iw未指定时使用默认值，--iw值越高意味着图像提示词将对生成的作品产生更大的影响。

提示：Midjourney不同版本型号具有不同的图像权重范围，如图2-103所示。

	版本5.0	版本4.0	Niji 5
图像权重默认值	1	不适用	1
图像权重范围	0~2	不适用	0~2

图2-103　Midjourney不同版本型号权重范围

提示示例：flowers.jpg birthday cake --iw 0.5（flowers.jpg 生日蛋糕），仅修改后缀参数，如图2-104所示。

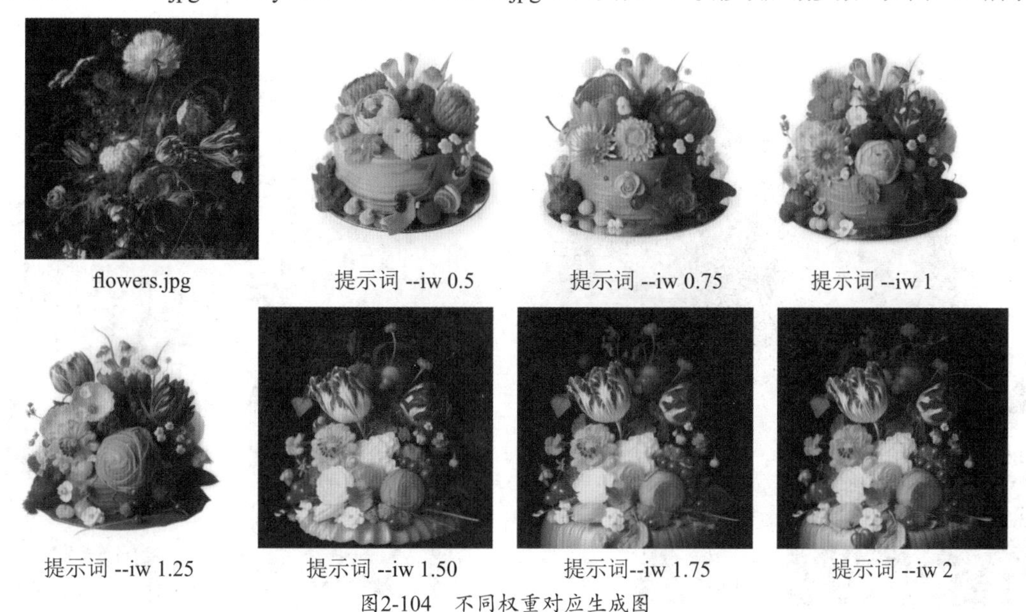

图2-104　不同权重对应生成图

2.9.4 风格

风格参数取代了某些Midjourney 模型版本--style的默认美感。添加风格参数可以帮助我们创建更加逼真的图像、电影场景或更可爱的角色。

提示：默认模型版本 5.2 和之前的版本 5.1 接受--style raw。型号版本 Niji 5 接受--style cute、--style scenic、--style original或--style expressive。

（1） 模型版本 5.2 风格。

当前默认的模型版本 5.2 和之前的模型版本 5.1 同样，都有风格参数--style raw（原始风格）。

创作时若追求更为原始和纯粹的表达方式（即提示词字面含义），则需加入--style raw指令；若想发挥AI特性探索更为丰富多彩的可能性，则无须加入该指令。

提示词：ice cream icon“冰激凌图标”在v5.2模型下未加入--style raw指令，AI在图像中增加了很多细节，如图2-105所示；反之，同样的提示词在v5.2模型+--style raw指令时，则更接近字面含义“冰激凌图标”，如图2-106所示。

图2-105　ice cream icon --v5.2

图2-106　ice cream icon --v5.2 --style raw

接下来以提示词“ drawing of a cat”（画一只猫）为例，未加入--style raw指令时，AI在画面中增加了众多创意，如图2-107所示；加入--style raw指令时，AI完美呈现了提示词的字面含义“画一只猫”，浓浓的手绘风格跃然纸（屏）面（幕），如图2-108所示。

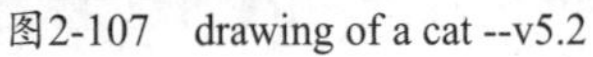

图2-107　drawing of a cat --v5.2

图2-108　--v5.2 --style raw

（2）Niji 5 风格。

Niji 模型版本5还可以使用不同的美学和--style选项来实现独特的外观。

风格参数分类：--style cute、--style expressive、 --style original、 --style scenic。

参数说明如下。

- --style cute：创造迷人可爱的角色、道具和场景。
- --style expressive：更有精致的插画感。
- --style original：使用原始 Niji 模型版本 5，这是 2023 年 5 月 26 日之前的默认版本。
- --style scenic：在奇幻环境的背景下制作美丽的背景和电影角色时刻。

2.9.5　风格化

Midjourney 机器人经过训练，可以生成有利于艺术色彩、构图和形式的图像。--stylize参数中的--s影响该训练的应用程度。其中，低风格化值生成的图像与提示词非常匹配，但艺术性较差；高风格化值创建的图像非常艺术，但与提示词的联系较少。

提示：--stylize的默认值为 100，使用当前模型时接受 0～1000 的整数值。不同的Midjourney版本型号有不同的风格范围，如图2-109所示。

	版本5.0、5.1、5.2	版本4.0	虹5
风格化默认值	100	100	100
风格化范围	0~1000	0~1000	0~1000

图2-109　不同Midjourney版本型号的不同风格范围

这里以Stylize 对模型版本 5.2 的影响为例，常用风格化设置如图2-110所示。

提示示例：/imagine prompt child’s drawing of a cat --s 100。

- --stylize 50 = style low。
- --stylize 100（默认）= style med。
- --stylize 250 = style high。
- --stylize 750 = style very high。

提示词 --stylize 0　　提示词 --stylize 50　　提示词 --stylize 100

提示词 --stylize 250　　提示词 --stylize 500　　--stylize 750

图2-110　Stylize 对模型版本 5.2 的影响

2.9.6 混乱

chaos值（直译为“混乱值”）影响初始图像网格的变化程度。

高--chaos值将产生更多不寻常和意想不到的结果和成分。--chaos值越低，出图的结果越稳定，越可重复。

提示：--chao接受 0～100 的值，默认--chao值为 0，提示词指令为 -- c 对应数值。

接下来介绍混乱对工作的影响。

（1） 没有--chaos值。

使用较低的--chaos值或不指定值将在每次运行作业时，生成相似的初始图像网格。

提示示例：watermelon owl hybrid --c 0，如图2-111所示。

图2-111　提示词 --c 0

（2） 低--chaos值。

使用较低的--chaos值时，会产生略有不同的初始图像网格。

提示示例：watermelon owl hybrid --c 10，如图2-112所示。

图2-112　提示词 --c 10

（3） 中--chaos值。

使用中等的--chaos值时，会产生更多变化的初始图像网格。

提示示例：watermelon owl hybrid --c 25，如图2-113所示。

图2-113　提示词 --c 25

（4） 高--chaos值。

使用较高的--chaos值时，会生成更加多样化和意外的初始图像网格。

提示示例：watermelon owl hybrid --c 50，如图2-114所示。

图2-114　提示词 --c 50

（5）极高--chaos值。

使用极高的--chaos值时，每次运行都会产生意想不到的构图或艺术效果。

提示示例：watermelon owl hybrid --c 80，如图2-115所示。

图2-115　提示词 --c 80

2.9.7 排除

no 参数告诉 Midjourney 机器人不要在图像中包含哪些内容。

提示：--no接受用逗号分隔的多个单词，分别为--no item1, item2, item3, item4。

提示词：still life gouache painting（静物水粉画），如图2-116～图2-118所示。

图2-116　提示词

图2-117　提示词 --no fruit

图2-118　提示词 don’t add fruit

2.9.8 重复

--repeat参数或--r参数对于快速、多次出图很有帮助，但同时也会快速消耗Fast时间。

作为一个需要花钱的指令，每次使用前Midjourney 机器人都会贴心地进行二次确认，如图2-119所示。

图2-119　同一指令，连续弹出3次是否确认

得到确认指令后，机器人开始执行指令，如图2-120所示。因为AI每次生成图片都是不同的，该指令通常用于需要快速获得大量创意的场景。

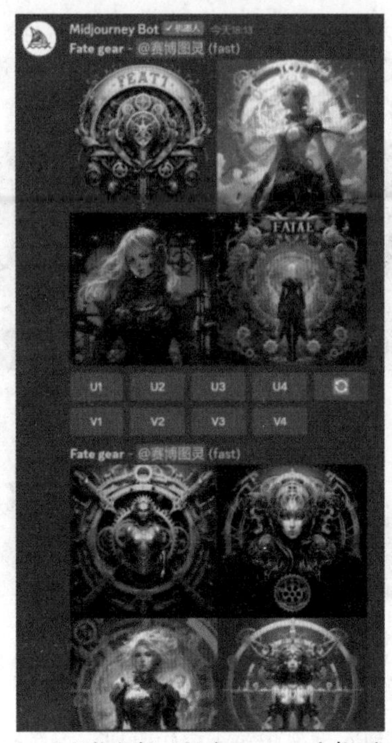

图2-120　开始执行提示词为fate gear重复3次的指令

提示：--r后面的参数取决于付费订阅的档位，出于使用成本考量，不建议频繁使用该指令。

2.9.9 种子

Midjourney 机器人使用种子（--seed）参数来创建图盘，作为生成初始图像网格的生成起点。

种子数是为每个图像随机生成的，但可以使用--seed参数指定。如果使用相同的种子数和提示，能获得相似的最终图像，这是在Midjourney中保持图像一致性的重要技巧。

--seed接受 0～4294967295 的整数。

--seed值仅影响初始图像网格。

--seed使用模型版本1.0、2.0、3.0、test和的相同值testp将生成具有相似构图、颜色和细节的图像。

--seed使用模型版本4.0、5.0和的相同值niji将生成几乎相同的图像。

1. 作用

如果未指定种子，Midjourney 将使用随机生成的种子编号，每次使用提示词时都会生成不同的图片。

使用随机种子运行3次。

提示词：celadon owl pitcher（青瓷猫头鹰壶），如图2-121～图2-123所示。

图2-121　随机提示词1

图2-122　随机提示词2

图2-123　随机提示词3

2. 如何使用

固定Seed值为123，即 --seed 123，运行两次，如图2-124和图2-125所示。

提示词：celadon owl pitcher --seed 123。

图2-124 celadon owl pitcher --seed 123

图2-125 celadon owl pitcher --seed 123

在另一种场景下，根据个人喜好选中Seed值，后续持续生成，如图2-126所示，使用Discord的表情符号反应，获得Seed值。

成功获取Seed值后即可进行“一致性”创作，如图2-127～图2-129所示。

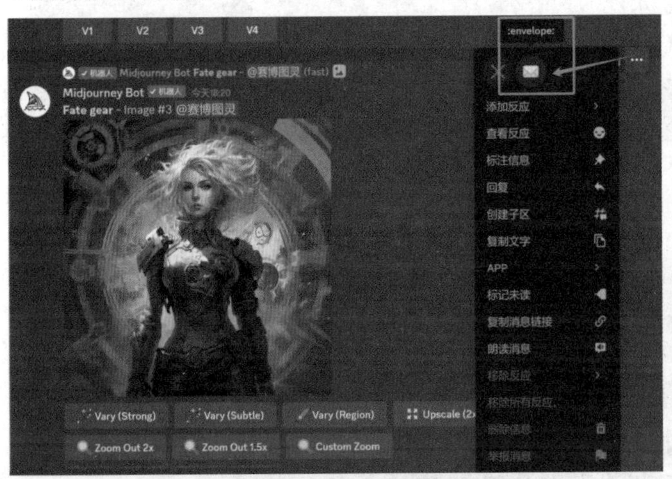

图2-126 通过“信封”表情符号获得Seed值

图2-127 Midjourney机器人私信：Job ID和Seed值信息

图2-128 使用提示词+Seed值信息

图2-129 使用提示词+Seed信息后人物基本保持一致

2.10 高级提示与命令

介绍了Midjourney中的常见用法之后，接下来介绍应对更复杂创作场景的“高阶用法”。

2.10.1 Remix 模式

1. 作用

Remix模式用来更改提示词内容、各种参数、模型版本或图像纵横比。Remix直译为“重新混合”，用途是将起始图像的总体构成新任务的一部分。重新混合可以帮助更改图像的照明、拍摄角度、艺术风格、画幅等。

2. 如何使用

（1）启用 Remix 后，可以在每个变体期间编辑提示。要重新混合高档选择Make Variations。在输入框内，输入/settings或/prefer remix命令，单击 Remix mode按钮即可激活，如图2-130所示。

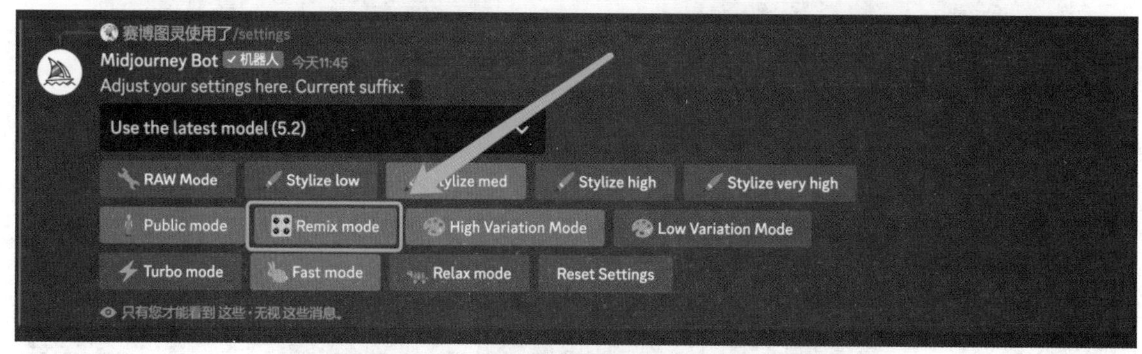

图2-130　激活 Remix mode

（2）选择要重新混合的图像网格或放大图像，如图2-131所示。

提示词：Fate gear in the space --seed 3944779140。

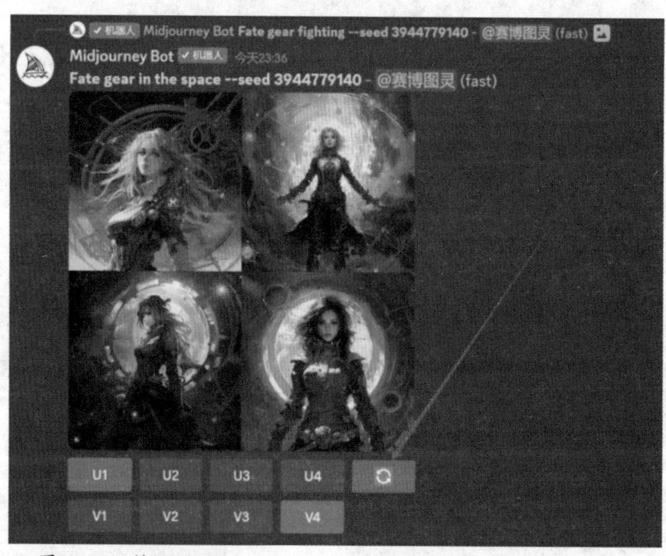

图2-131　输入Fate gear in the space --seed 3944779140 提示词后

（3）单击Remix按钮后，在弹出窗口中修改或输入新的提示，如图2-132所示。

（4）Midjourney机器人使用新提示，由先前的“in the space”改为“in the see”并受到原始图像的影响而生成新图像，如图2-133所示。

（5）完成 Remix 后，使用/settings或/prefer remix命令将其关闭。

图2-132　修改或输入新的提示

图2-133　修改后的图像

2.10.2　Vary（Region）局部重绘

对于图片的某个特定区域进行修改是创作者的刚需。该功能的出现可解决两种设计需求：第一种是修改当前画面中的某个要素；第二种是在当前画面中增加一个新的要素。

1. 兼容版本

Vary（Region）兼容 v5.0以上版本。

2. 如何使用

（1）生成图像。使用命令创建图像/imagine，如图2-134所示。

（2）升级图像。使用U按钮放大所选图像，如图2-135所示。

图2-134　生成图像

图2-135　选中并放大图像

（3）选择不同区域。单击“Vary（Region）”按钮，打开编辑界面，如图2-136所示。

（4）选择要再次生成（即局部绘制）的区域。选择编辑器左下角的矩形选择工具，如图2-137所示，也可以选择编辑器左下角的手绘选择工具，如图2-138所示。

提示：创作者可根据创意需求自行选择。

再选择要重新生成的图像区域。

选择的大小将直接影响重绘内容生成结果：更大的选择为Midjourney机器人提供了更多空间来生成新的创意细节；较小的选择将导致更小、更微妙的变化。

提示：虽然无法编辑现有选择，但可以使用左上角的撤销按钮撤销多个步骤，如图2-139所示。

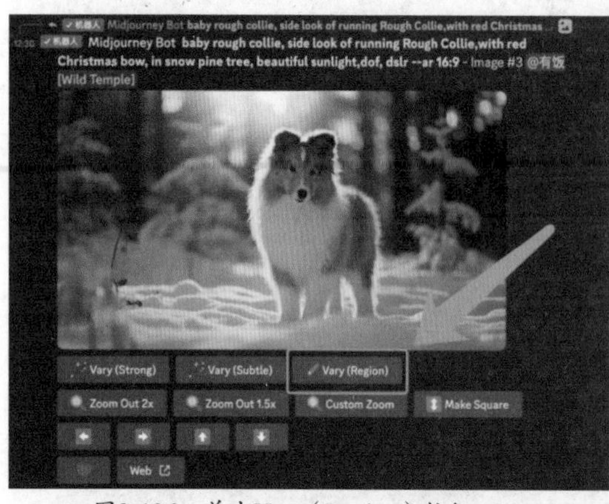

图2-136 单击Vary（Region）按钮

图2-137 编辑器左下角的矩形选择工具

图2-138 编辑器左下角的手绘选择工具

图2-139 左上角Undo清除选区

（5）提交任务。单击→按钮，将设计者的请求发送给 Midjourney机器人。现在可以关闭 Vary Region 编辑器，并且在处理作业时，用户可以返回 Discord。

提示：Vary（Region）可以多次使用放大图像下方的按钮来尝试不同的选择，用户之前的选择将被保留，也可以继续添加到现有选择或使用Undo按钮清除自己的选择。

（6）查看结果。Midjourney将进行任务处理，并在先前选择的区域内生成新的内容，效果如图2-140所示。

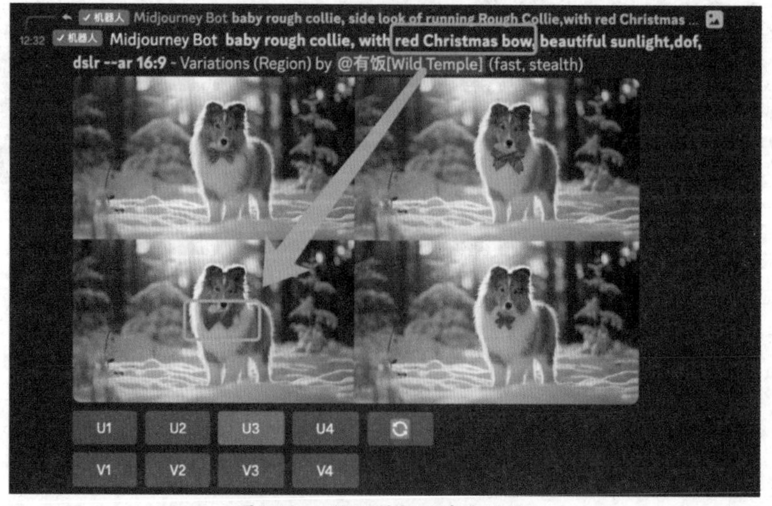

图2-140 输入的词汇产生效果

2.10.3 Blend 混合

1. Blend效用

/blend命令允许用户上传 2～5 张图像（最多5张），AI在分析和提取每张图像的概念和美感后，将它们合并成一张全新图像。

2. 如何使用

（1）输入/blend命令，选择需要Midjourney，如图2-141所示。

图2-141 输入/blend命令

系统将提示用户上传两张照片，如图2-142所示。

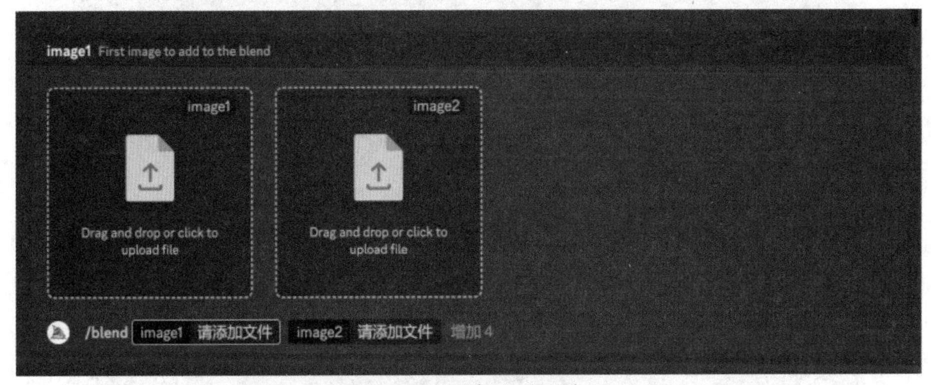

图2-142 选择上传照片

上传两张图片作为“素材”，如图2-143所示。

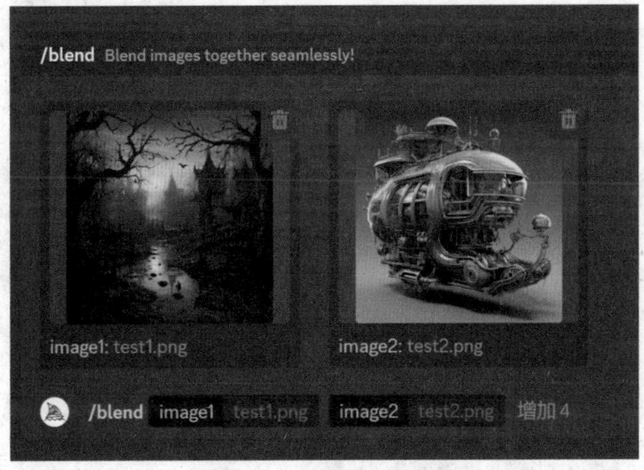

图2-143 选择图片文件

（2）要添加更多图像，可选择optional/options字段并选择image3、image4或image5，如图2-144所示。

混合图像的默认纵横比为 1:1，但可以使用可选dimensions字段在方形长宽比（1:1）、纵向长宽比（2:3）或横向长宽比（3:2）之间进行选择。

/blend与任何其他提示一样，自定义后缀会添加到提示词的末尾/imagine。作为命令一部分指定的长宽比/blend会覆盖自定义后缀中的长宽比。

当上传与所需结果具有相同纵横比的图像，会获得更好的效果。

（3）添加4张图片后，按Enter键，如图2-145所示。

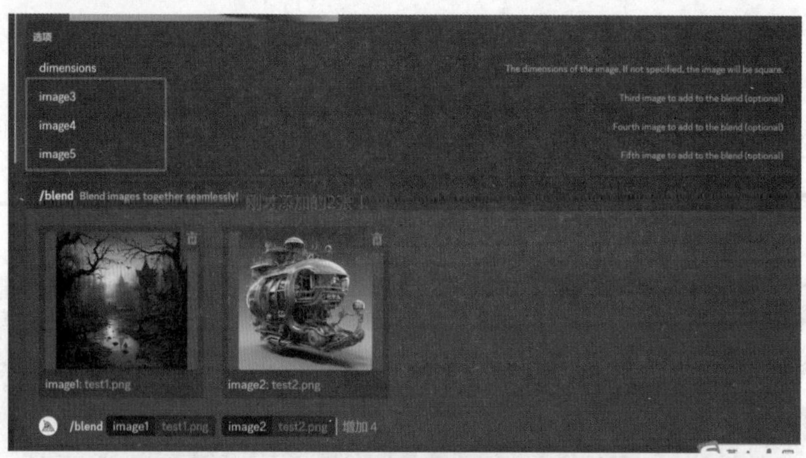

图2-144　添加多张照片

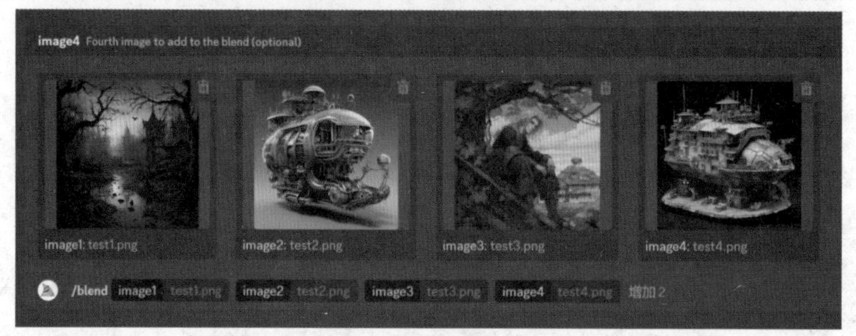

图2-145　上传后，按Enter键

（4）得到的结果如图2-146所示。

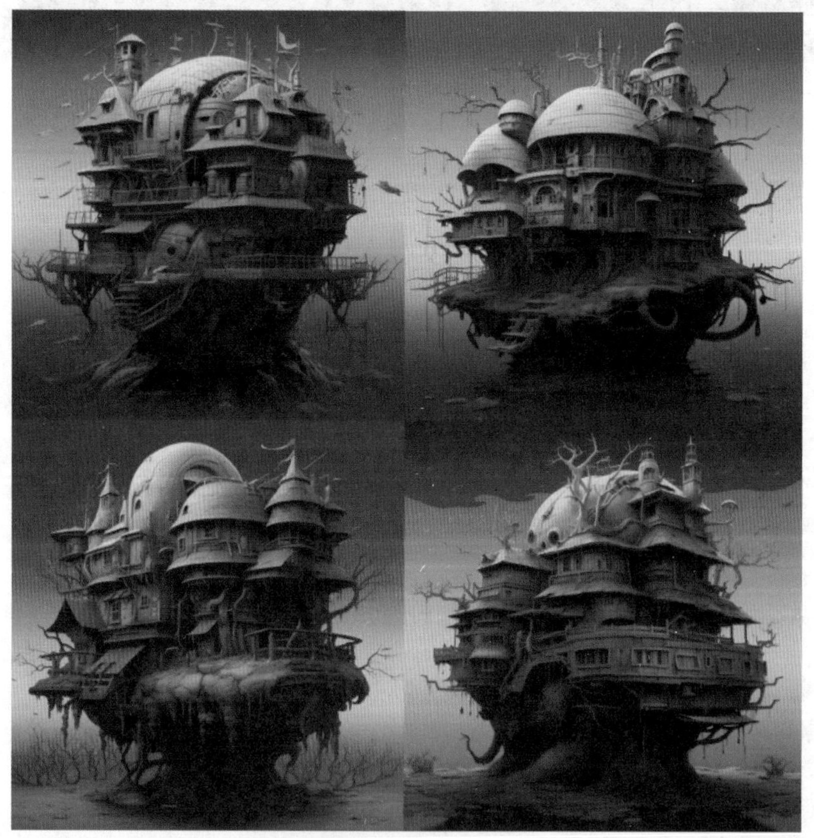

图2-146　输出结果

2.11 社区功能

Midjourney作为依托于Discord社交软件的绘画工具，其自身的社区功能也是“玩点”之一，方便世界各国的AIGC创意者沟通交流，共同进步。

2.11.1 主页画廊

1. 个人作品展示查找

（1）登录Midjourney官网，授权登录后，可进入个人作品主页（画廊），如图2-147所示。

图2-147　登录主页画廊

（2）输入账号密码后，会提示授权确认，如图2-148所示。

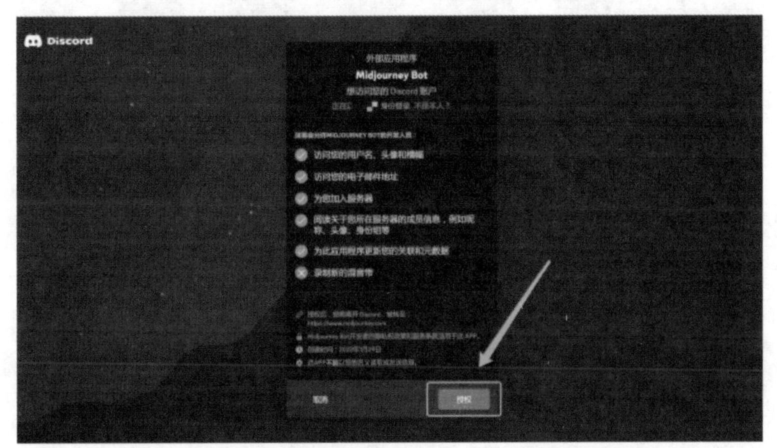

图2-148　授权

（3）授权成功后，单击My Images（我的图片）后，进入个人作品主页，可在搜索栏搜索关键词，找到想要查看的作品，如图2-149所示。

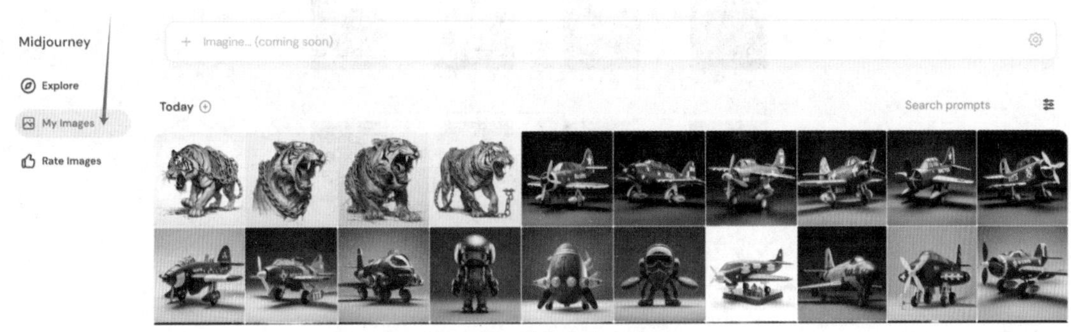

图2-149　进入个人画廊

2. 批量下载个人作品

（1）可按日期批量下载个人作品，选择Today（今日），选中Select all（今日全部），如图2-150所示。

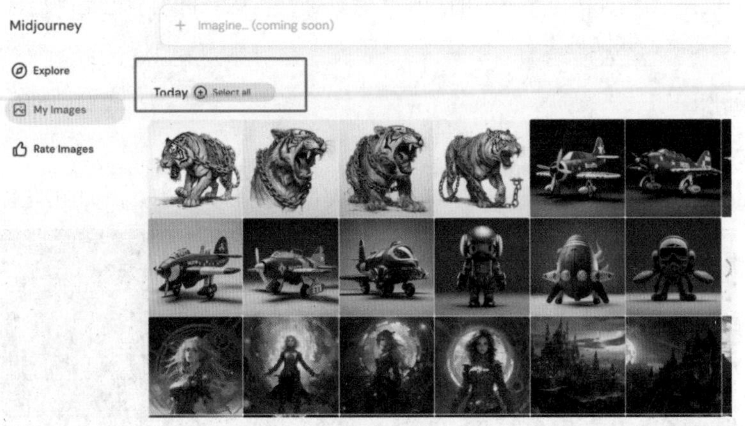

图2-150　今日作品

（2）单击Download（下载）按钮，并保存到对应路径地址，即完成批量下载操作，如图2-151所示。

图2-151　单击下载按钮

（3）单击Download（下载）按钮后，开始执行下载任务，如图2-152所示。

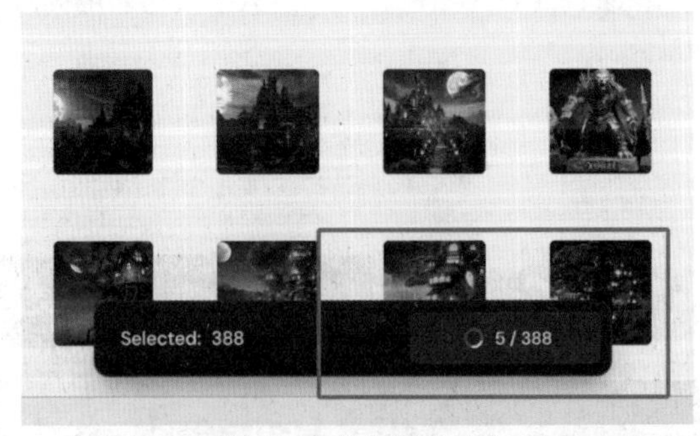

图2-152　执行下载任务

提示：文件以压缩包形式下载，下载成功后保存在浏览器默认下载存储路径。

3. 探索优秀作品与关键词

可在探索页浏览、欣赏别人优秀的作品或近期最受欢迎的作品，也可学习查看公开作品的关键词，如图2-153所示。

图2-153 探索页界面

提示：成为60美元/月的付费会员，使用/settings命令后，可开启隐私模式，隐私模式图片不会公开显示。

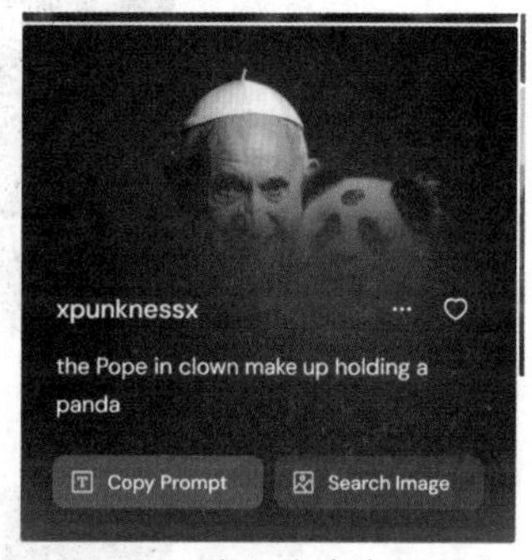

图2-154 光标悬浮作品位置

当光标悬浮在对应作品上时，如图2-154所示，会在该作品上对应显示提示词小弹框。

单击作品时，会显示该作品的详情大图，如图2-155所示，可以单击“更多”图标，选择复制所有命令、提示词或该图片的Job ID。

可针对当前作品，添加喜欢、关注作者、保存照片等。

4. 搜索特定风格/关键词作品

方法一：在搜索栏直接搜索关键词，如图2-156所示。

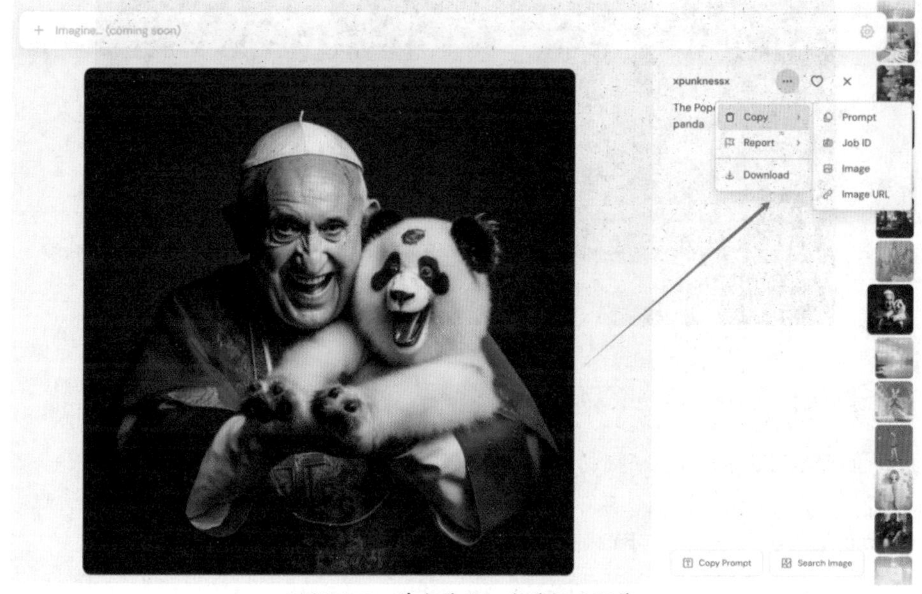

图2-155 单击作品，查看提示词等

图2-156　直接搜索

方法二：单击某张作品后，在提示词单击自己所需的被画线的关键词，可以找到更多类似风格方案，如图2-157所示。

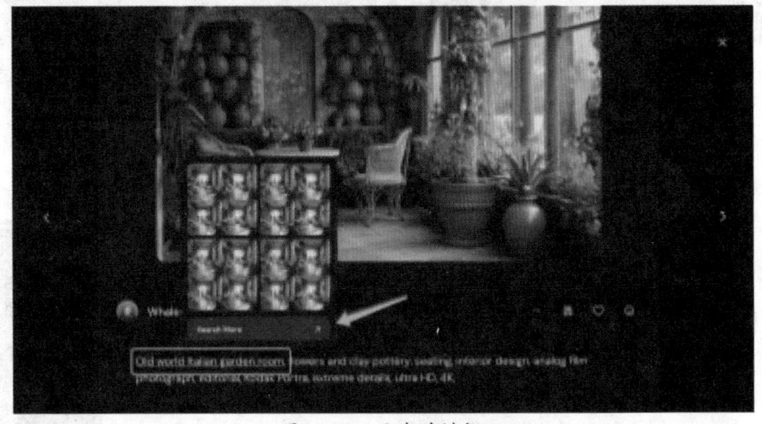

图2-157　画线关键词

方法三：打开某张作品后，下滑，会看到更多类似推荐，如图2-158所示。

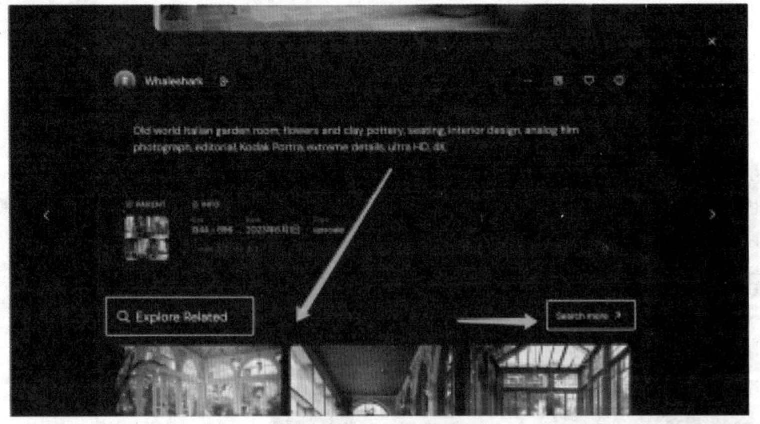

图2-158　类似推荐

2.11.2　隐藏福利

Rank Pairs页面算是Midjourney的“福利”。

触发方式：在两张图片中根据自己喜好，对比选优（其实就是帮助Midjourney训练算法），达到一定数量时长，Midjourney官方会奖励一小时Fast时间，如图2-159所示。

提示：赠送的时间有效期为 30 天，需要当前账户处于有效订阅才能使用。

图2-159　Rank Pairs页面

2.11.3　万张权益

如果在Midjourney中，出图量达到10000张，会升级为万张会员，开启隐藏权限。如可以登录Alpha网页端，直接在网页出图等。

“万张权益”的优点在于，当Midjourney服务器因为过度拥挤导致普通用户无法出图时，“万张俱乐部”的会员可在Alpha频道继续出图。

2.11.4　小技巧：学习高手提示词

如果在Midjourney主页或其他频道看到优秀的作品，想要查看、学习其中的关键词，需要找到该作者的画廊主页，才能看到对应关键词。接下来介绍如何操作。

提示：如果对方是60美元/每月的付费会员，并且开启了隐私模式，则即便找到对方的主页，也无法查看作品对应的提示词。

（1）在社区选中意向图片，如图2-160所示。单击图片，在浏览器中打开，如图2-161所示。

（2）观察图片链接，看是否链接很长，英语词汇用“_”隔开，并且尾部有一串数字串。若符合格式，则继续后续操作，查找对方提示词。

图2-160　在社区中看到喜欢的作品

图2-161　在浏览器中打开

提示：如果是上述格式，说明该作品的原作者在Midjourney中产出作品后直接上传了，没有下载图片修改图片名称后再上传分享。否则也无法查到对方的画廊主页查看提示词。

（3）复制尾部数字串。通过鼠标或键盘的上下左右快捷键，定位网址链接里尾部（从英语词汇截止的数字开始），到.png后缀前的数字串，如图2-162所示。截取完成后，将其复制下来，如图2-163所示。

图2-162　定位数字串

图2-163　复制数字串

（4）打开一张自己画廊中的作品，替换数字串。先在另一个网页中进入自己的画廊，打开一张自己的作品，如图2-164所示。将上一步复制的数字串，与自己画廊作品网址链接的尾部数字串相互替换，如图2-165所示，再按Enter键，即可查出对应作品的提示词以及作者画廊主页作品。

图2-164　打开一张自己画廊作品

图2-165　替换网址中的数字串

提示：提示词从来就不是AIGC的核心竞争力，想象力才是。这就是为什么Midjourney以单词imagine（想象）作为启动指令。

他人的提示词只能提供创意参考，不能代替自己创作，相信读者在本书众多技巧的加持下，可以创作出更有创意的作品。

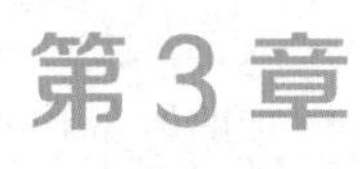

第3章 稳健确定型绘画工具：Stable Diffusion

Stable Diffusion作为一款AIGC用户进阶提升的必备工具，和Midjourney相比，这两者在使用方法和技巧上有着巨大不同，本章将进行简单介绍。

3.1 Stable Diffusion 的原理和 Midjourney 差异

Midjourney的生成不受使用者计算机的限制，Midjourney所属公司会为使用者提供相应算力，使用者只需联网即可，即便是手机、平板等设备也同样可以完成出图。

Stable Diffusion是开源免费的，需要使用者本机GPU（“显卡”）的运算能力。更确切一些，要配置一款较为高档显卡的台式机，本书不推荐任何笔记本设备（甚至包括高配置游戏本），因为笔记本设备需要考虑功耗、散热等指标，自身计算能力是被“削弱”过的，无法胜任AIGC图片生成这类大运算量工作。针对同样的提示词及图片规格，还有同样参数配置的台式机和笔记本，笔记本出图的速度会明显慢于台式机，如图3-1所示。

图3-1 最低配置与推荐配置

且Midjourney和Stable Diffusion的出图效果也有所不同，Midjourney有专业的人员针对模型进行优化调参，目前效果已经非常不错。而Stable Diffusion的模型都是民间爱好者自己训练的，水平参差不齐，有好有坏，需要使用者自行甄别，如图3-2所示。

SD

	Midjourney	Stable Diffusion
数据集	官方已完成训练	官方阶段性完成 更高分辨率的训练
模型	仅限官方模型 约数十种	可自行配置模型 可自行调整模型 数千种模型
可控性	随机性较大 可控度较小	相对于Midjourney更可控 随机性相对较小

图3-2 Midjourney与Stable Diffusion简约对比

并非Stable Diffusion无法胜任精美图片生成的任务，而是在于模型的选择和参数调整，在Stable Diffusion中选对了模型和恰当的参数设置，同样可以感受到人工智能绘画带来的创意震撼。

随着越来越多的Stable Diffusion开发者进入，Midjourney早已不是刚面世时的“一骑绝尘”了，Stable Diffusion的后发优势开始慢慢展现出来。

3.2 Stable Diffusion 的基础功能——文生图 + 图生图

作为一款生成式绘画工具，Stable Diffusion也同样具备文生图和图生图的功能，但具体用法和Midjourney存在较大差异。

Stable Diffusion的操作界面如图3-3所示。

图3-3 Stable Diffusion操作界面

接下来介绍常用区域。

（1）基础区。

Stable Diffusion模型：选择或切换大模型，也叫底模型，简称为“底模”。大模型在图像处理中用于主导和控制输出画面的整体风格走势。

VAE：Variational Auto-Encoder-变分自动编码器，VAE模型有两部分，分别是编码器和解码器，用于AI图像生成，可通俗理解为“画面滤镜”，主要功能是修正最终成品图片的色彩。部分初代大模型在不与VAE模型配合使用时，可能会导致输出图像的色彩失真，呈现灰暗的效果。

为确保最佳的输出效果，强烈建议参照模型开发者提供的技术文档或说明书进行配置。在新一代Stable Diffusion大模型中，很多VAE模型已被内置，因此不再需要与独立的VAE模型配合使用。

（2）提示词区。

用户可以通过这个区域配置正向提示词和负向提示词。正向提示词用于引导模型按照用户的期望生成内容，而负向提示词告诉模型哪些内容应该避免，不允许出现。

（3）功能区（WEBUI 已经更新，页面布局已经改变）。

在功能区内，用户可以保存和清空提示词，一键调用之前保存的提示词，以及直接调用LoRA或embedding模型。

（4）参数区。

用户可以自定义各种设置，包括调整图像的分辨率、确定每批生成的图像数量，以及设定图像的抽象程度与其与Prompt的关联程度。

（5）出图区。

出图区是显示生成图片的区域。在这里，用户不仅可以预览已经生成的图片，还可以方便地保存或下载图片。此外，这个区域还提供了一键操作功能，允许用户直接将图片发送至“图生图”“重绘”等其他功能进行后续处理。

（6）插件脚本区。

通过使用配置插件和脚本，用户不仅可以优化工作流程，提高效率，还能实现多样的功能，插件功能如修脸、控制网络等，脚本功能如自动化批量图像生成和在多种参数设置下进行模型输出的快速比较。

和相对简约的Midjourney界面相比，Stable Diffusion的界面看起来更加复杂。但也正是得益于这“看起来”相对复杂而详尽的设计，确保Stable Diffusion可以生成相对固定、可控的画面。

对于设计领域的从业者而言，Midjourney和Stable Diffusion都是日常工作中必不可少的生产力工具。天马行空的创意由Midjourney生成，然后将其生成结果导入Stable Diffusion中进行特定位置、特定风格或特定样式的修改。

虽然Stable Diffusion软件本身也在持续迭代，但从本质上来说，几大界面功能区的布局基本没有改变，更多新功能主要表现在各种插件、LoRA模型的新功能。

3.3 Stable Diffusion 的正 / 负向提示词

Stable Diffusion 的正/负向提示词和Midjourney的“单一提示词”最大的不同点在于，使用Stable Diffusion创作过程中需要分别定义“正向提示词”和“负向提示词”。

3.3.1 正向提示词

和Midjourney只能输入“一种提示词”相比，Stable Diffusion可以同时输入正向及负向两种提示词。

正向提示词就是设计者的需求，希望AI达到的效果、目标，原理类似数学的加法：每多增加一个正向提示词，AI工具就会多给出一个想要的回馈。

对于Stable Diffusion来说，大多数时候，想画什么就输入什么样的正向提示词。正向提示词输入区域如图3-4所示。

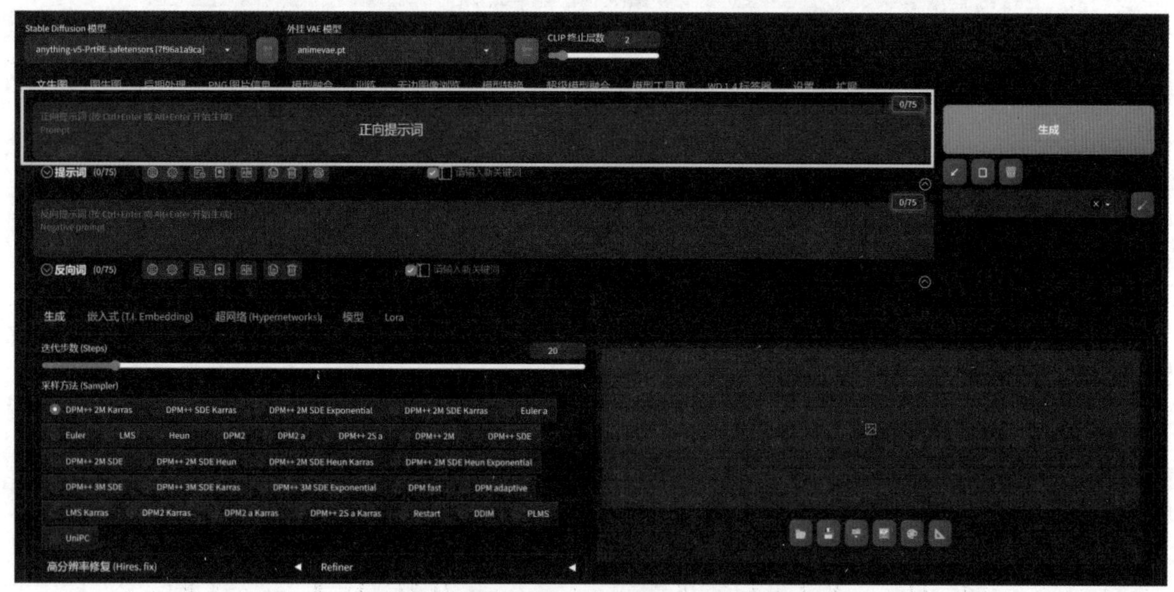

图3-4　Stable Diffusion中正向提示词输入区域

3.3.2 负向（反向）提示词

Stable Diffusion区别于Midjourney的区别之一是负向提示词，也叫反向提示词。

负向提示词就是不想要的、不需要的，或禁止出现的效果、目标。就像数学运算中的减法，或者逻辑推理中的排除，创作者每多给出一个负向提示词，Stable Diffusion就会从结果中排除对应的内容。

1. **常用负向提示词**

NSFW, lowres, bad anatomy, bad hands, (text), (watermark), error, missing fingers, extra digit, fewer digits, cropped, worst quality, low quality, normal quality, (username), blurry, (extra limbs), extra fingers, fused fingers, bad proportions, missing arms, missing legs, extra arms, extra legs , missing hands, malformed limbs, extra fingers, extra fingers, fused fingers, bad proportions, missing arms, missing legs, extra arms, extra legs , missing hands, malformed limbs, extra fingers, lowres, bad anatomy, bad hands, text, error, missing fingers, extra digt , fewer digits, cropped, wort quality , low quality, normal quality, jpeg artifacts, signature, watermark, username, blurry, bad feet 等。

翻译成中文后分别为NSFW、低质量、丑陋、模糊、皮肤瑕疵、残疾、扭曲、不良解剖、病态、畸形、截肢、不良比例、双胞胎、缺失的身体、融合的身体、额外的头、绘制不良的脸、坏眼睛、变形的眼睛、眼睛不清、斗鸡眼、脖子长、四肢畸形、多肢、多臂、缺臂、坏舌、奇怪的手指、变异的手、缺手、画得不好的手、多手、融合的手、连接的手、坏手、错指、缺指、多指、4指、3指、畸形手、多腿、坏腿、多腿、两条腿以上、坏脚、错误的脚、多余的脚等。

NSFW是一个英文世界的网络梗，中文语境下常被调侃为“你是废物”。NSFW是“Not Safe For Work”或者“Not Suitable For Work”的缩写，意思是某些内容不适合上班时间浏览。它通常被用于标记那些带有淫秽色情、暴力血腥、极端另类等内容的邮件、视频、博客、论坛帖子等，以免读者不恰当地单击浏览。

需要注意的是，开源的Stable Diffusion生态中有着众多热心开发者，用户可直接输入中文提示词，由插件自动翻译为对应英文，相比Midjourney下必须输入英文提示词来说，这一点也正在吸引越来越多的国内用户转向拥抱Stable Diffusion。

2. 负向提示词输入方式

（1）负向提示词输入区域如图3-5所示。

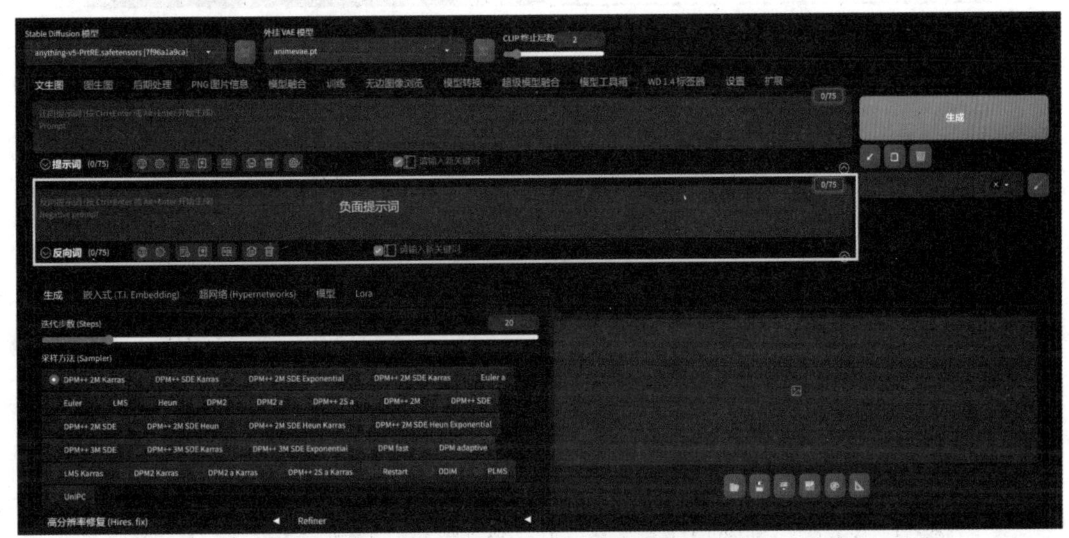

图3-5　Stable Diffusion中负向提示词输写区

（2）通过预设样式加载正/负向提示词。负向提示词往往固定不变，为方便使用，Stable Diffusion中有一个“预设样式功能”，即“负向提示词模板”，每次使用时调用这个模板即可，如图3-6所示。

图3-6　Stable Diffusion的“预设样式”

（3）选择好预设，单击右侧“基础起手式”按钮即可输入，如图3-7所示。

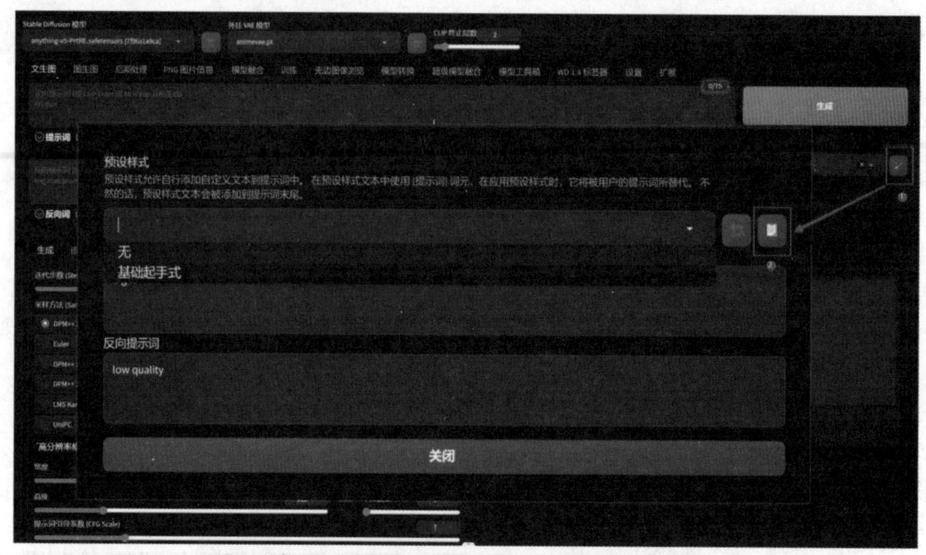

图3-7　V1.41 Stable Diffusion的“预设样式”输入

（4）输入完成提示词后，单击右侧“基础起手式”按钮，就可以存储“预设”，如图3-8所示。

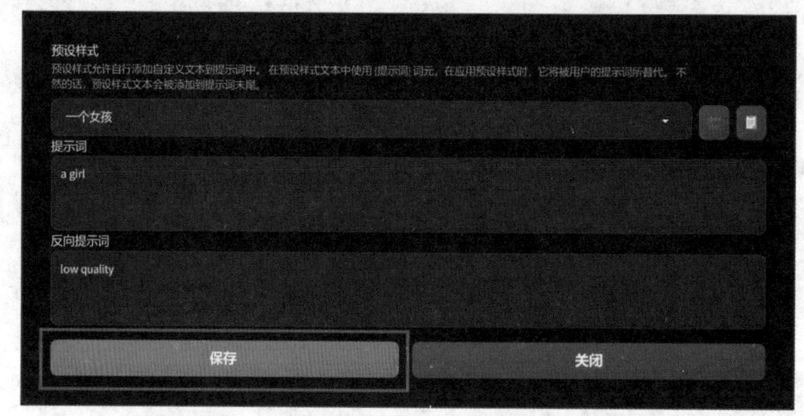

图3-8　V1.41 Stable Diffusion的“预设样式”存储

（5）输入“预设样式”名称，如图3-9所示。

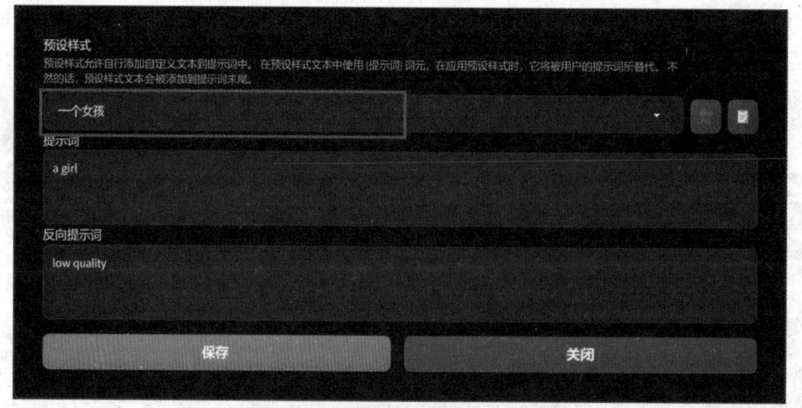

图3-9　V1.41 输入“预设样式”名称

（6）单击右侧的“刷新”按钮，如图3-10所示。

（7）可以在列表里看到刚才设置的“预设样式”，如图3-11所示。

负向提示词的设定类似于模板调用，创作者在日常工作及学习中，可以逐步填充、补全负向提示词，以确保最终生成的图片减少瑕疵，更加接近自己的创作需求。

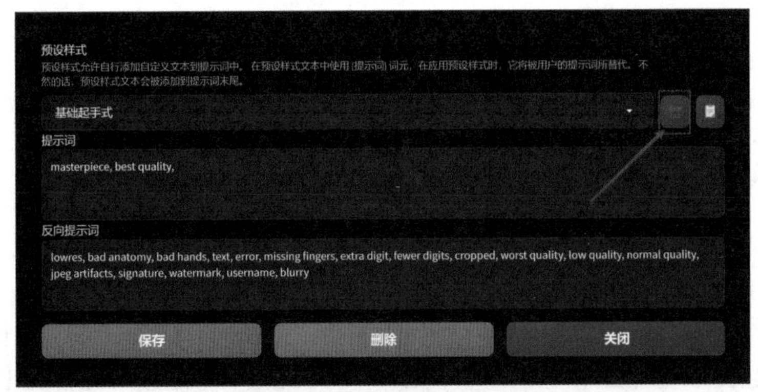

图3-10 单击“刷新”按钮

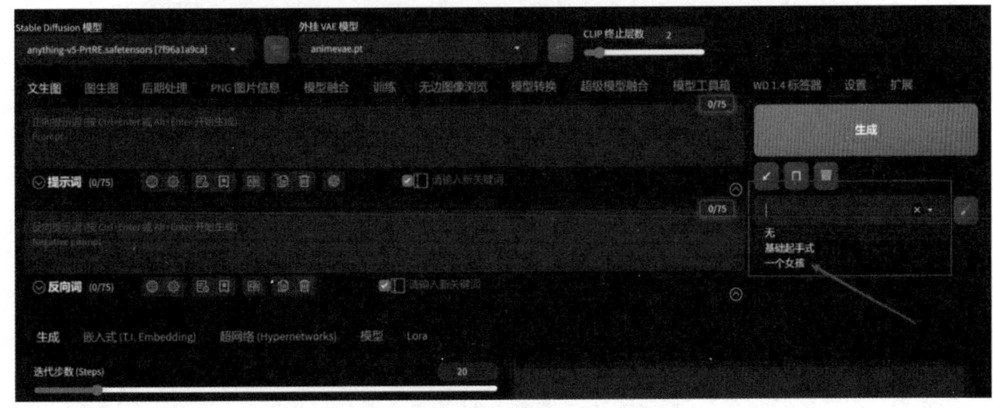

图3-11 列表显示

3.4 ControlNet控制网络

和Midjourney的天马行空不同，Stable Diffusion更大的价值在于“让AI更加稳定地输出”，其中ControlNet扮演了极其重要的角色，是Stable Diffusion玩家必须掌握的入门技能。

3.4.1 ControlNet是什么

AI绘画的终极目标——最终成图和用户脑海中的想象画面一致，即心有所想，画有所表。但目前现状是，AI绘画生成物的随机性太强，很多时候能不能创作出来一个好看的画面，只能通过多批次、大数量的生成，进而从中挑选符合创意需求的作品，以数量对冲概率。

不同于Midjourney中通过反复调整提示词即可得到最终满意的作品，在Stable Diffusion中想要得到最终完美作品，需要从提示词、LoRA和ControlNet三方面入手，下面分别展开讲解。

1. 提示词

提示词的作用是奠定整张图的大致基调，但对于创作过程中提示词的使用和调整，更多的是需要平时积累，通过AB测试分别查看“同义词”对图片产生的影响，从而养成提示词思维。

需要注意的是，英文世界中存在大量的“中文同义词”，其本意在英文世界中的含义其实有差异。Stable Diffusion作为一款本质上依然是英文提示词的AIGC工具，词汇间的微妙差异需要创作者在日常绘画创作中慢慢体会。

作为一本介绍AI绘画的专著，不宜过度展开中英文语言差异相关话题，这里只举几个简单的例子，欢迎对外语有研究的读者继续钻研，本书认为“AI词汇学”以后也可能成为一个独立学术领域。

例如do和make中文翻译都是“做”。但do更多的是强调“执行任务”，make则多用于“制造、创造”。类似这样的例子还有see和watch、remember和remind、learn和study等单词。

和AI绘画相关的词汇，以中文翻译“香”举例，在英文中对应众多不同单词。

单词Fragrant（描述花卉的香气），可衍生“fragrant roses”（香玫瑰）。

单词Aromatic（描述食物或香料的香味），可衍生“aromatic herbs”（香草）。

单词Scented（描述香水或具有人工香味的物品），可衍生“scented candles”（香薰蜡烛）。

有兴趣的读者可以尝试将上述词汇分别交给Midjourney和Stable Diffusion进行绘制，通过出图的结果来感受语言和词汇的有趣之处。

2. LoRA

LoRA的全拼为Low-Rank Adaptation（中文翻译为“低阶自适应”，AIGC创作者日常交流都使用英文缩写LoRA来指代），主要用于深度学习模型，尤其是大型的语言模型和图像生成模型。这项技术的核心思想是通过对模型的少量参数进行调整，实现对模型的有效微调，而不是对整个模型的所有参数进行重训练。这样做的好处是可以显著减少运算图片所需的计算资源和时间，通过某个特定参数的调整让图片更符合我们的需求。

3. ControlNet

ControNet的作用是精细化控制整体图片的元素——主体、背景、风格、形式等。ControlNet可以理解为“定向生图工具”，最大特点是“具体问题，具体分析，调用对应模型，生成对应图片”，接下来将详细介绍每一种模型有什么用，应该怎么用，从而真正掌握ControlNet。

ControlNet的基本逻辑是用户提供一张图片，然后选择一种采集方式，去生成另一张新的图片。例如我们提供一张图片，可以选择不同模型完成不同任务。选择采集图片中人物的骨架，从而在新的图片中生成出一样姿势的人；选择采集图片中画面的线稿，从而在新的图片中生成一样线稿的画面；选择采集图片中已有的风格，从而在新的图片中生成一样风格的画面。随着使用经验的积累，在使用过程中其实不必拘泥于哪一种模型更好，更重要的是您脑海里想要什么样的画面。多去尝试，也可以结合其他模型一起使用，最终把图片变成您想要的画面。

3.4.2 ControlNet 安装

在正式学习ControlNet之前，用户需要先更新版本，不然会导致一些功能无法正常使用。

安装新版ControlNet分为下载ControlNet、更新ControlNet、安装预处理器、安装模型4个步骤。

1. **下载**ControlNet

一般情况下，可以通过热心Stable Diffusion开发者提供的整合包安装Stable Diffusion，安装包中已包含ControlNet插件，如图3-12所示。

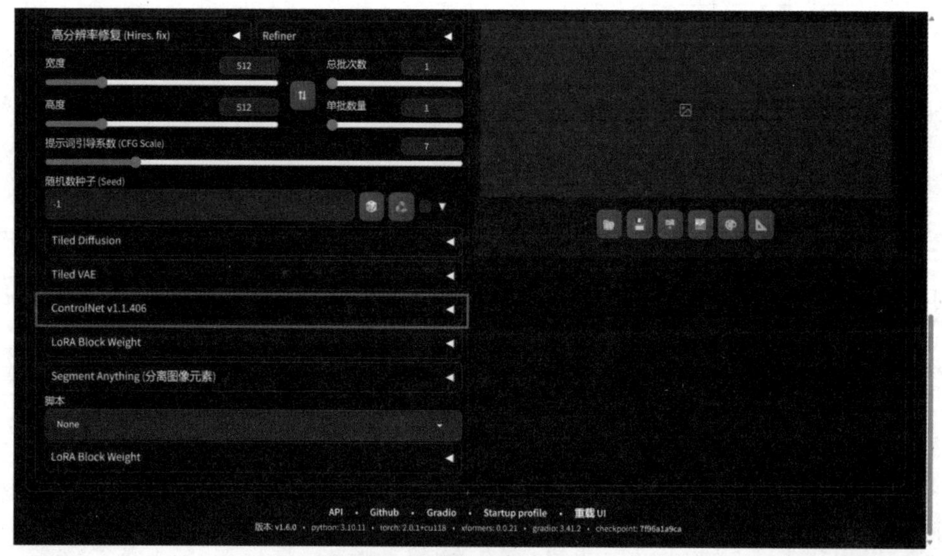

图3-12　查看是否有ControlNet

用户可以看看自己的Stable Diffusion界面中是否包含ControlNet，若已包含插件，可以直接更新，如果没有，需要先下载插件。

下载ControlNet的方法。

（1）单击状态栏里的“扩展”按钮。

（2）单击“加载扩展列表”按钮。

（3）在搜索框输入ControlNet。

（4）找到ControlNet，单击右边的安装按钮，如图3-13所示。

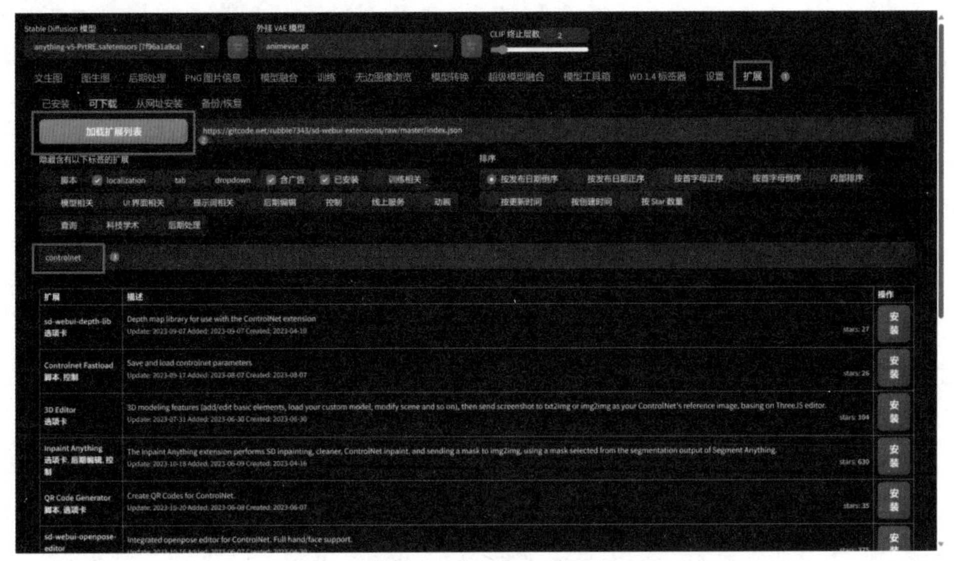

图3-13　下载ControlNet

提示：若本地Stable Diffusion界面无法顺利打开界面，可通过搜索引擎搜索“ControlNet插件安装”，寻找相应的网络资源，下载后安装。也可自行前往开源社区Github进行搜索，获取第一手插件资料。

2. **更新**ControlNet

（1）打开Stable Diffusion的启动界面，单击最左侧的“版本管理”按钮。

（2）单击“扩展”按钮。

（3）找到ControlNet，单击右边的“更新”按钮，如图3-14所示。

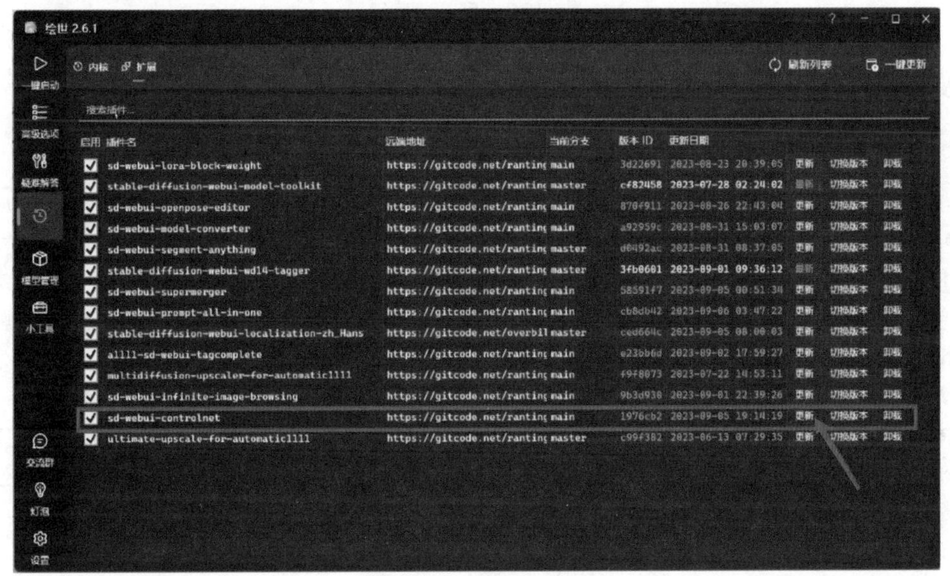

图3-14　更新ControlNet

3. **下载预处理器**

在Stable Diffusion实际使用中，创作者需要了解预处理器与模型的基本概念和作用。

预处理器（Preprocessor）：预处理器的主要作用是对输入数据进行准备和优化，以便模型可以更有效地处理它们。在Stable Diffusion工具中，通常包括输入图像的大小调整、格式转换、归一化等操作。例如，输入一张图片让AI作为参考，预处理器会确保这张图片的格式和大小适合模型的要求。

模型（Model）：模型是AI绘画工具的核心，负责实际的图像生成和任务处理。在Stable Diffusion工具中，模型的作用是理解创作者输入的需求（如文本描述、图像样本等），并创作出符合对应要求的新图像。

新手可以这样理解：预处理器像是准备食材的厨师，它将原材料（如图片、文本）处理成适合烹饪的状态；模型则像是烹饪的主厨，利用准备好的材料制作出最终的菜肴（即生成的图像）。预处理器确保输入数据适合模型处理，模型则负责从这些数据中创作出新的视觉内容。

需要注意，安装的具体位置为“Stable Diffusion所在文件夹”| extensions | Stable Diffusion-webui-ControlNet | annotator，为确保软件正常使用，文件夹命名请勿使用中文。

4. 下载模型

ControlNet常用模型通常都在一个资源包内，安装位置为“Stable Diffusion所在文件夹 ”| models | ControlNet，如图3-15所示。

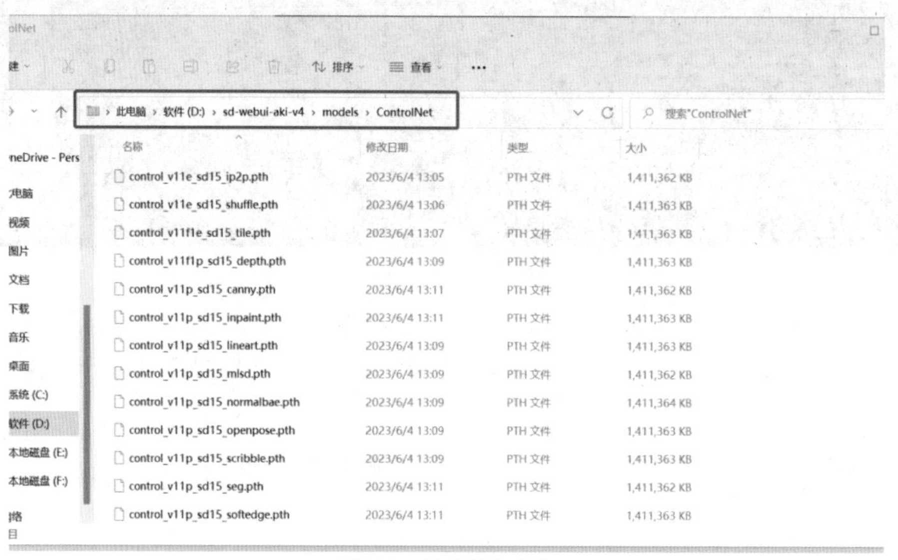

图3-15　模型存储路径

至此，ControlNet已更新完成。需要特别注意的是，ControlNet是Stable Diffusion工具的入门级操作，后续更多的复杂、高阶操作都是基于ControlNet的使用。

3.4.3 常见ControlNet模型介绍

本节仅罗列较为基础且常用的ControlNet（在Stable Diffusion工具语言环境下，可简称为CN）模型，旨在向刚入门的AIGC新手介绍Stable Diffusion工具基本使用。对应15个模型，每个模型都有各自用法，但实际创作过程中可以两个或者多个ControlNet一起使用，继而产生更多玩法。

不管怎样，它们的具体操作步骤都是相似的，也欢迎读者在阅读本书并熟悉CN后，可以根据自己的创作需求进行更多探索和尝试。

1. 姿势约束模型——OpenPose

OpenPose模型作为ControlNet中使用率极高的模型之一，主要用于控制生成照片人物的姿势。这里的姿势包含身体姿势、脸部表情和手指形态三类要素，可以只控制某一类或者两类要素，也可以三类要素一起控制。

排列组合场景如下。

- 身体姿势+脸部表情。
- 仅限脸部表情。
- 身体姿势+手指形态+脸部表情。
- 身体姿势+手指形态。

案例1：控制身体姿势。

一般情况下，在Stable Diffusion内生成一张照片，照片人物的动作通常是随机的，但ControlNet可以让生成的人物摆出我们指定的任何姿势。创意所需姿势照片如图3-16所示，经过ControlNet处理后的动漫少女姿势如图3-17所示。

图3-16 所需的姿势照片

图3-17 ControlNet后的动漫少女

首先我们正常设置大模型和提示词，然后打开ControlNet，上传自己想要生成的姿势照片，ControlNet的模型选择如图3-18所示。预处理器为OpenPose，模型为OpenPose。

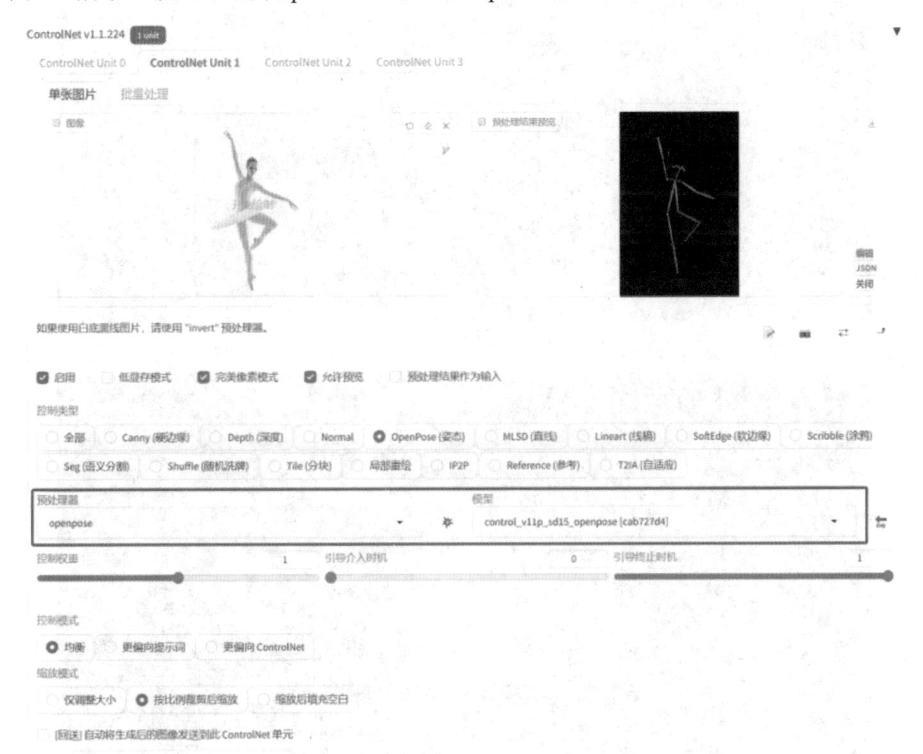

图3-18 本案Stable Diffusion操作界面

上传姿势照片，选择OpenPose预处理器与模型。单击预处理的“爆炸”按钮可以看到，模特的姿势被提取成了一个火柴人，如图3-19所示，里面的小圆点就是人体的重要关节节点。

查看生成出来的照片，模特的姿势几乎被AI完全复刻出来了，如图3-20所示。

图3-19　预处理后的火柴人

图3-20　完成姿势复刻的动漫少女

案例2：控制人物姿势和手指形态。

除了识别人物整体姿势以外，还可以识别图中人物的手指骨骼，可以在一定程度上避免生成多手指或者缺少手指的“恐怖”照片，所需的姿势手势如图3-21所示，姿势复刻的女模特如图3-22所示。

图3-21　所需的姿势手势照片

图3-22　姿势复刻的女模特

具体操作和前文一致，只是预处理器和ControlNet模型选择不同，如图3-23所示。本次预处理器为openpose_hand，模型使用OpenPose。

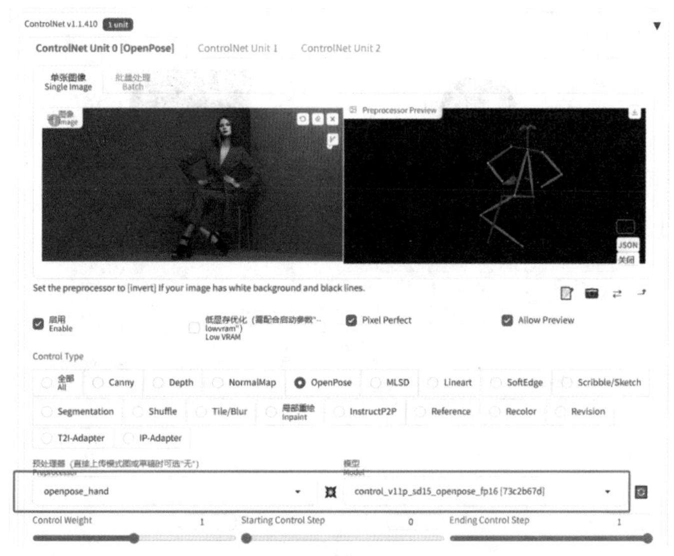

图3-23　本案例Stable Diffusion操作界面

上传照片，选择openpose_hand预处理器与OpenPose模型。可以看到经过Stable Diffusion预处理之后的火柴人，在人体整体姿势的基础上，还多了线条和节点表示手指，如图3-24所示。

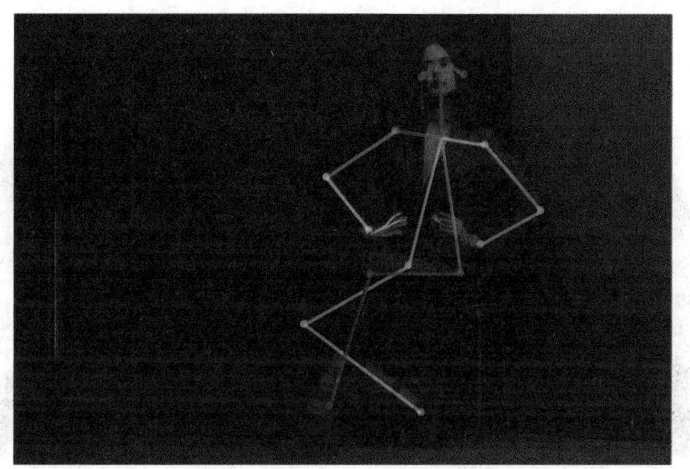

图3-24　预处理后提取的火柴人

案例3：控制人物脸部表情。

OpenPose除了控制人物的姿势，还可以控制人物的脸部表情。

注意，使用ControlNet复刻人物脸部表情比较适合放特写的大头照，这样识别出来的五官才会更加精确，相对应的也只能生成出大头照。所需的表情照片如图3-25所示，表情复刻的动漫少女如图3-26所示。

图3-25　所需的表情照片

图3-26　表情复刻的动漫少女

这次案例中又换了一个预处理器，如图3-27所示，本次预处理器为openpose_faceonly，模型为OpenPose。

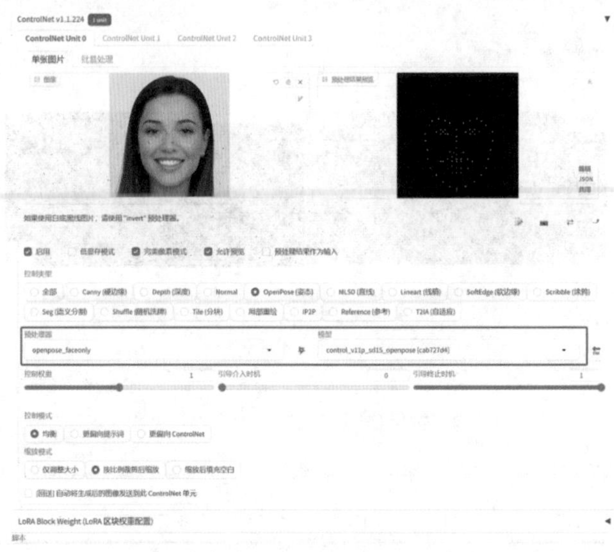

图3-27　本案例Stable Diffusion操作界面

上传照片，选择openpose_faceonly预处理器与OpenPose模型，Stable Diffusion完成预处理后把模特的五官用点描出来，如图3-28所示。

查看生成后的照片，脸型和五官在一定程度上都由AI还原了，如图3-29所示。

但是，如果生成图片先用LoRA，再用ControlNet控制表情，可能会导致生成出来的照片和LoRA的人不太像，因为人物五官和脸型都被ControlNet影响了。

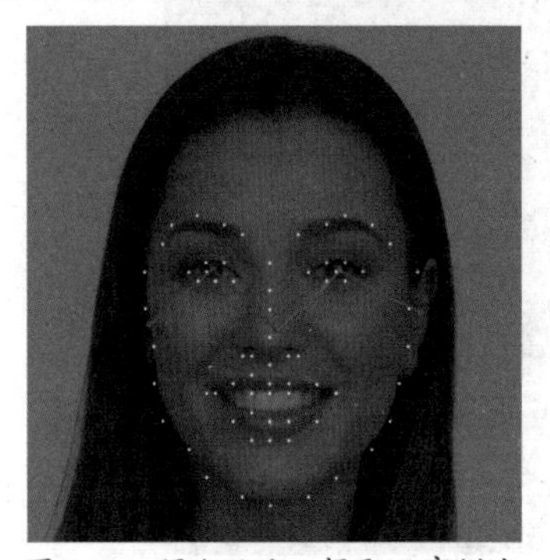

图3-28　预处理后，提取五官锚点

图3-29　表情复刻的动漫少女

案例4：全方面控制人物姿势。

在本案例中，将尝试把人物的整体姿势、手指形态和脸部表情全部完成复刻，所需的全方位姿势照片如图3-30所示，复刻后如图3-31所示。

图3-30　所需的全方位姿势照片

图3-31　复刻全方位姿势的少年

本次预处理器为openpose_full，模型为OpenPose，如图3-32所示。

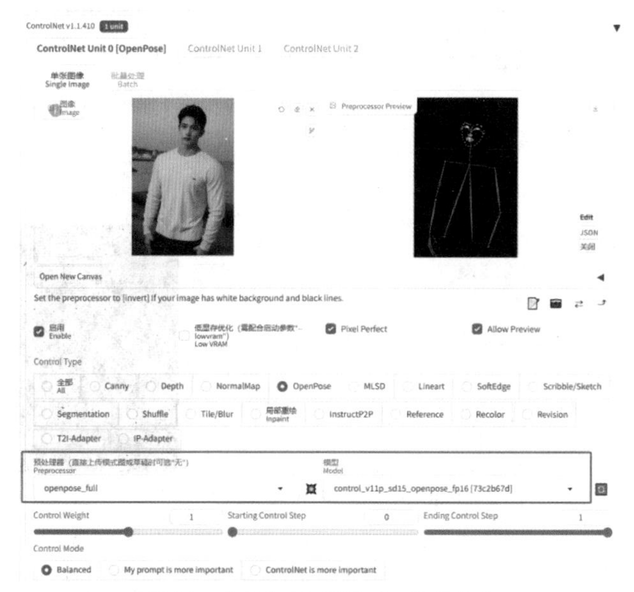

图3-32　本案Stable Diffusion操作界面

上传照片，选择openpose_full预处理器与OpenPose模型。经过预处理后的照片已经出现本次复刻的全部要素，即脸部表情、姿势和手势，如图3-33所示。

图3-33　预处理后，提取的锚点与火柴人

案例5：自由编辑火柴人。

鉴于AI工具有一定的不确定性，即便以稳定控制著称的Stable Diffusion也不例外。预处理器处理完成的火柴人依然会不太准确，需要更细致、更复杂的调整，此时需要再安装一个插件，使我们可以更加随意地调节预处理之后的火柴人。

前文已介绍过Stable Diffusion插件安装方法，这里只做文字版简单描述。

（1）在“扩展”里单击“可下载”按钮。

（2）单击“加载扩展列表”按钮。

（3）在搜索框输入openpose。

（4）安装“Stable Diffusion-webui-openpose-editor”。

（5）单击“已安装”按钮。

（6）单击“应用更改并重载前端”按钮。

按上述步骤操作，“Stable Diffusion-webui-openpose-editor”插件即可完成安装。

接着介绍插件的使用方法，回到ControlNet界面。

（1）单击预处理后的图像旁边的“编辑”按钮，可自行编辑火柴人节点，如图3-34所示。如果打开编辑按钮是空白的，那就先单击预处理之后的图片，再编辑。

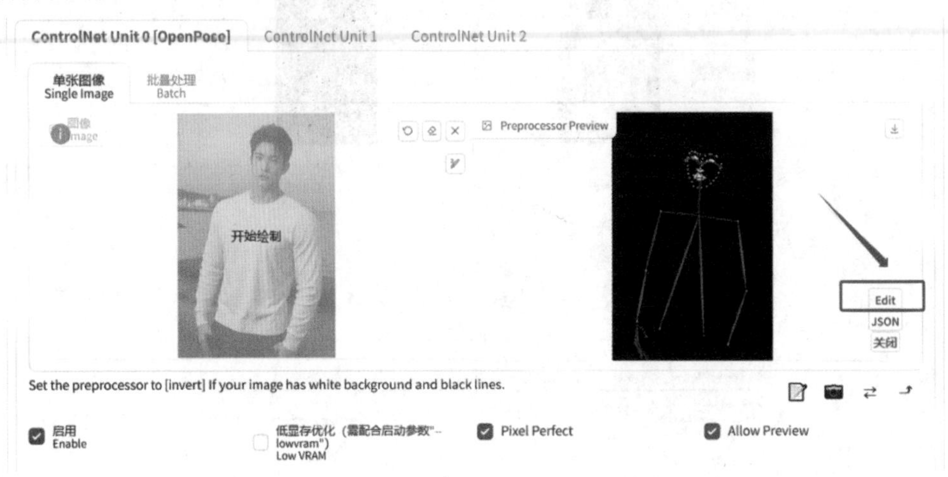

图3-34　上传照片，单击预处理处的“编辑”按钮

（2）把光标放到圆形节点上面，可以调整位置。

（3）完成调整后，单击左上角的“发送姿势到ControlNet”按钮即可，如图3-35所示。

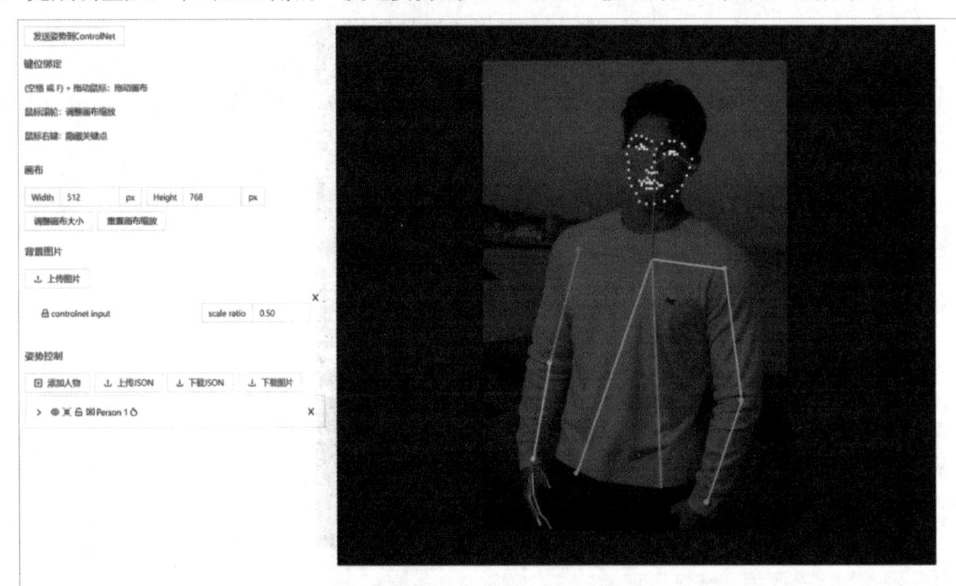

图3-35　调整后，发送姿势到ControlNet

通过自己的调节，把火柴人的各节点进行修改，如调整手臂动作、调整脸部表情等，就可以生成一张新的图片。

识别人体姿势有5个预处理器，以下是几个创作小技巧。

- 如果原图的手指骨骼比较清晰，可以用识别手指的预处理器。
- 如果识别出来的手指线条比较乱，手动调整后也无法调整好，建议只识别身体姿势，防止生成的新图片中人物手指更加混乱。
- 控制表情最好用于近景特写图片生成，确保识别出来相对准确。

2. 线条约束模型

下面介绍Lineart、Canny、Softedge、Scribble、MLSD 5种模型，它们都是用来提取画面的线稿，再用线稿生成新的照片。

（1）Lineart。

Line +art，字面解释为“线的艺术”，在Stable Diffusion工具使用过程中，创作者为降低沟通成本，通常直接使用各种模型的英文名称，后文中也将继续延续这一规则。

这是一个用来专门提取线稿的模型，可针对不同类型图片进行各种处理，单击选择Lineart，预处理器和模型就会自动切换。

打开预处理器，如图3-36所示，里面的各种模型可以识别不同图片的线稿。

- 动漫：lineart_anime 或 lineart_anime_denoise。
- 素描：lineart_coarse。
- 写实：lineart_realistic。
- 黑白线稿：lineart_standard。

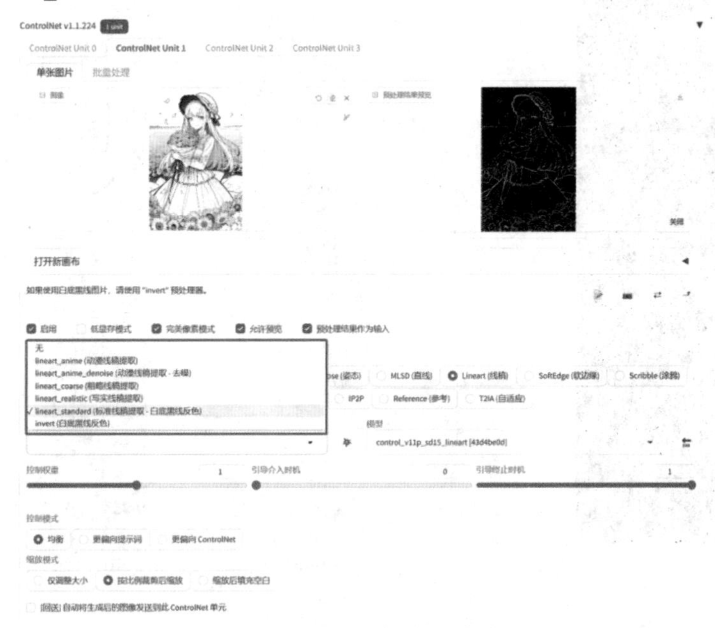

图3-36 Lineart模型提取线稿

① 动漫照片处理。

提取动漫图片线稿，然后重新上色，最终效果如图3-37所示。

图3-37 最终效果

处理动漫照片要更换为二次元大模型，如anything（万象熔炉），提示词可以写一些质量词，如master piece（大师杰作）、best quality（最佳质量）、hires（高分辨率），然后根据创作需求完成照片提示词的设计。

提示：新生成的图片分辨率要和原图比例相同，否则图片会自动裁剪或放大。

ControlNet的模型选择：预处理器为lineart_anime 或 lineart_anime_denoise，模型为Lineart。

Lineart线稿提取效果示意如图3-38所示，再将其完成“上色”，如图3-39和图3-40所示，这是一个基础工作流。该工作流的商业场景价值为，黑白漫画线稿通过AI工具完成上色，大幅节省人力投入。

lineart_anime_denoise效果示意如图3-40所示。

图3-38 lineart_anime预处理器与Lineart模型提取线稿

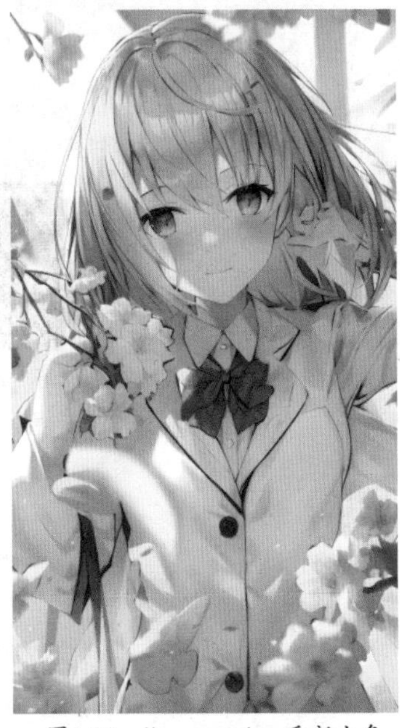

图3-39 lineart_anime重新上色

图3-40 lineart_anime_denoise重新上色

② 素描照片处理。

在传统观念中，素描稿和真实照片是完全不同的种类，但在Stable Diffusion工具前，种类隔阂直接消失。黑白素描图片如图3-41所示，一键转绘为真人上色图，如图3-42所示。

图3-41 素描图片

图3-42 上色后图片

ControlNet模型选择如图3-43所示，预处理器为lineart_coarse，模型为Lineart。

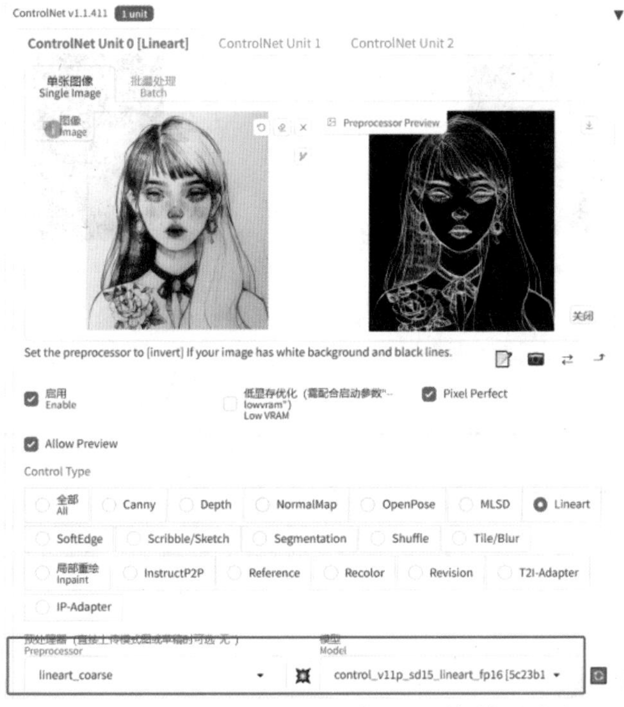

图3-43 lineart_coarse 预处理器与Lineart模型提取线稿

③ 写实照片处理。

使用真人照片，如图3-44所示，先完成线稿提取，再生成二次元照片，如图3-45所示。

图3-44 写实照片

图3-45 真人照片转绘二次元照片

提示：鉴于Stable Diffusion工具“具体问题，具体模型”的解决思路，要生成二次元照片，一定要先换成合适的大模型，创作者可根据个人画风偏好自行选择模型。

ControlNet模型选择：预处理器为lineart_realistic，模型为Lineart，如图3-46所示。

提示：因为真人风格的照片转绘为二次元风格后，人物五官比例可能会不太匹配，需要适当把ControlNet的权重降低。

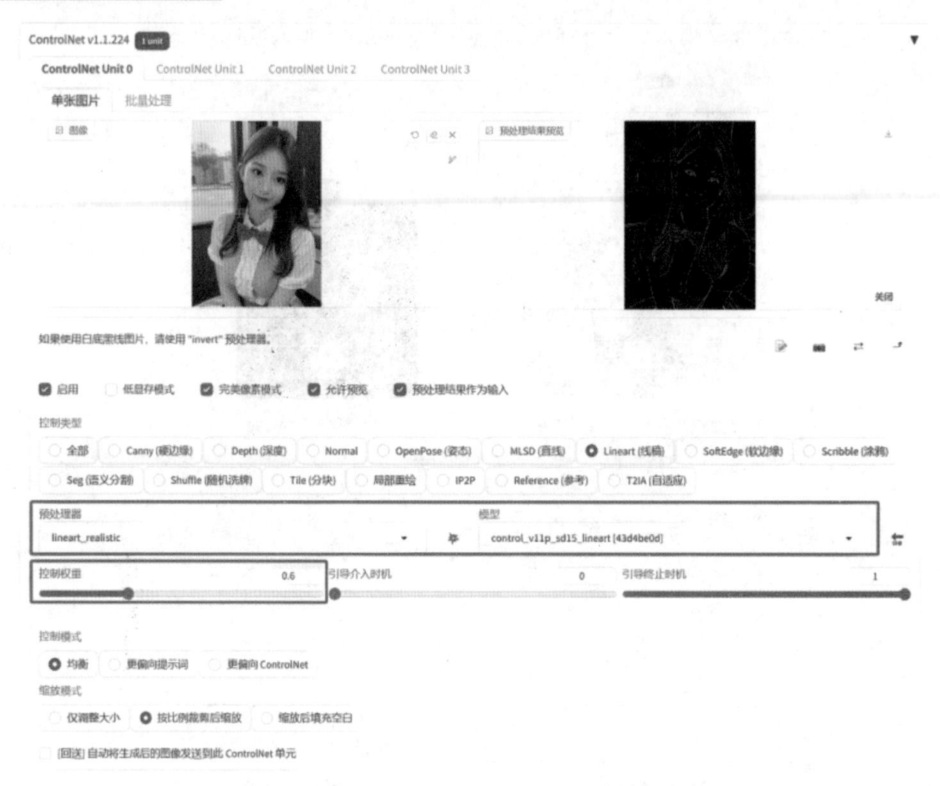

图3-46　lineart_realistic 预处理器与Lineart模型提取线稿

更加神奇的应用来了：可以将真实的照片（如图3-47所示），转换成“另一张”真实的照片（如图3-48所示），同样的衣着和姿势，两个完全不同的少女。

基本原理：基于Lineart提取出的轮廓，保留原有轮廓而生成一个完全不同的人物。

图3-47　少女照片1（提取轮廓）

图3-48　少女照片2（生成后）

④ 黑白线稿处理。

本案例有两个目的。

第一：基于Stable Diffusion工具极其强大的图生图能力，可以大幅提升创作效率。

第二：本案例中的黑白线稿来自Midjourney，上色稿来自Stable Diffusion，这也正是实际商业应用场景中的基础工作流。

并非Stable Diffusion无法生成图3-49所示的黑白线稿，也不是Midjourney无法直接画出图3-50所示的上色稿，本案例的展示目的是期望启发广大读者的创作灵感。

ControlNet模型选择：预处理器为lineart_standard，模型为Lineart。

图3-49 转绘前（黑白状态）

图3-50 转绘后（上色状态）

（2）Canny。

Canny用于识别画面中的线条和边缘。和Lineart的相似点在于，它们都是“边缘检测工具”，但Lineart不太在意细节，而Canny可以更加精准和细致地捕捉原图中的细节内容，诸如毛发（头发）、衣服上的花纹、背景树木的细节、房屋的纹理等。这样可以最大程度地将细节生成到新图片中。

接下来举一个AIGC常见创作工作流的例子：先导入二次元原始图，如图3-51所示，Canny识别之后，如图3-52所示，生成一张新的真人图片，如图3-53所示。

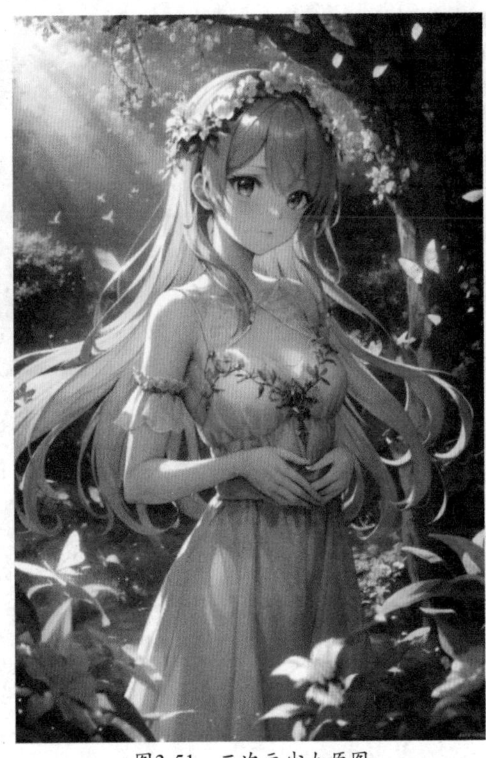

图3-51 二次元少女原图

图3-52　完成线条和边缘勾勒的动漫少女

图3-53　根据线稿图重绘后的真人图片

ControlNet的模型选择：预处理器为canny，模型为Canny。

（3）Softedge。

Softedge是“顾名思义”的预处理器，可直译为“柔和的边缘”，主要用于生成边缘更加柔和平滑的图像，不强调强烈的轮廓线，更注重过渡的渐变。动漫少女使用Softedge识别效果如图3-54所示，重新转绘后生成效果如图3-55所示。

图3-54　Softedge识别轮廓图

图3-55　转绘后的动漫少女

（4）MLSD。

不同于前面介绍的“画人专用”，这款模型只能识别直线，画面中如果有人物存在，会被直接忽略，所以十分适合生成房屋设计相关的图片，如图3-56所示。

图3-56　mlsd预处理器与MLSD模型生成的房屋

ControlNet的模型选择：预处理器为mlsd，模型为MLSD，如图3-57所示。

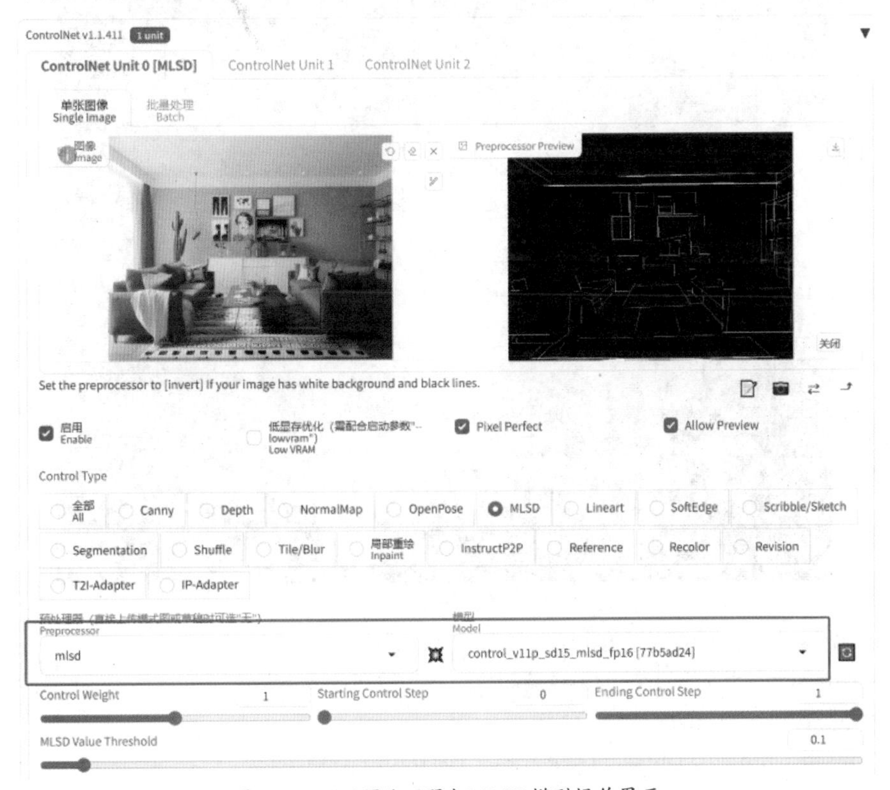

图3-57　mlsd预处理器与MLSD模型操作界面

经过预处理的图，原来画面中非直线的元素全部被忽略，如绿植和瓶子等，如图3-58所示。

图3-58 最终处理结果图

（5）Scribble。

Scribble也是一个很有趣的功能，基于图生图的涂鸦功能，创作者可以将自己随手画的“神来之笔”添加进原图中，输入提示词后即可基于刚才的“神来之笔”生成全新图案。这个功能也令很多AIGC新手在学习初期非常兴奋，AI的创造性被很好地释放出来，同时又没有“过分放飞”。最终效果如图3-59所示，晴空万里金字塔，但谁又能想到之前只是几根直线呢。

图3-59 Scribble模型效果图

ControlNet的模型选择：预处理器为invert，模型为Scribble，如图3-60所示。

鉴于Stable Diffusion的开源生态，识别线稿的模型越来越多，以下是本书为读者推荐的新手入门模型。

- 想最大程度还原照片：Canny。
- 只想控制构图，给Stable Diffusion更多可以变化的地方：Softedge。
- 真人、素描等照片：Lineart。
- 建筑物装修：MLSD。

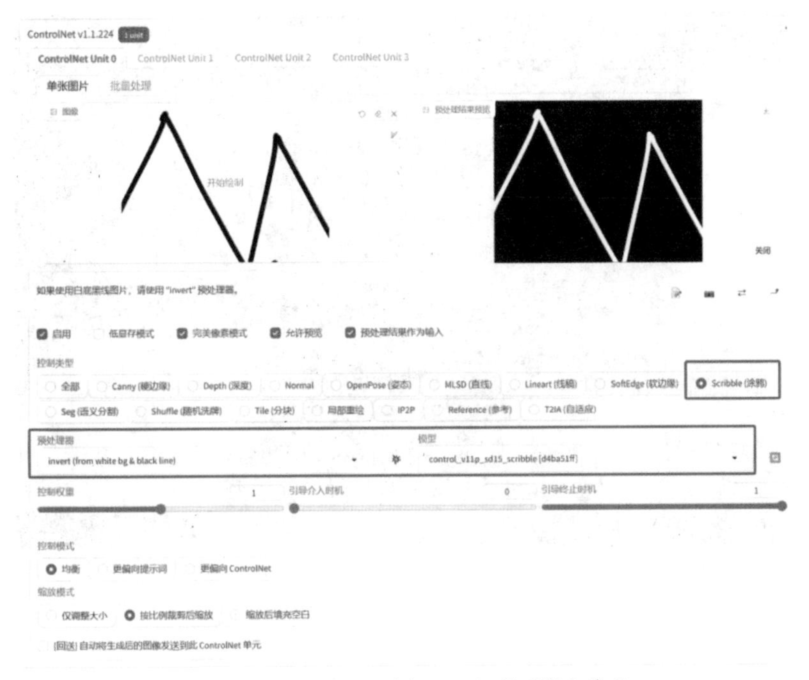

图3-60　invert预处理器与Scribble模型提取线稿

3. 空间深度约束模型——Depth

Depth模型用于生成图片时能保持逼真的空间深度和透视效果。模型通过理解和模拟物体间的相对位置和大小，以及它们如何相对于观察者的位置变化，创建更加立体和真实的图像。

简而言之，Depth模型使AI能够更好地理解和渲染三维空间中的场景，从而提高图像的真实感和视觉吸引力。

ControlNet的模型选择：预处理器为depth_leres++，模型为Depth。

4. 品种类约束模型——Segmentation

在机器学习和计算机视觉领域，Segmentation（分割）是一种重要的任务和模型。该模型的基本作用是将图像中的不同对象或区域分开，从而识别出图像中的不同部分，为进一步的分析和理解提供基础，如图3-61所示，模型识别原始图片中不一样的东西，然后用不同的颜色表示，最终生成“全新装修图”，如图3-62所示。

图3-61　原室内设计

图3-62　最终生成室内设计稿

ControlNet的模型选择：预处理器为seg_ofade20k，模型为Segmentation。

截至本书出版，现有AIGC工具无法根据指定色值、色号完成生成工作，这类工作需前往传统后期编辑软件，如Photoshop。可以把Segmentation色块图下载下来，自己修改照片内物体颜色，如图3-63所示，这样Stable Diffusion就会根据颜色生成特定的某样东西。

图3-63　seg_ofade20k预处理器与Segmentation模型色块图

这份文档示意不同的颜色代表对应物品，如图3-64所示。再回看区域对照，以及最终成品图，可以感受到AI技术为创作带来的便利。

截至本节，建筑物装修已经有三种模型可以选择。

- 只还原整体的结构：MLSD。
- 还原物品的先后关系：Depth。
- 比较好地还原原图中的物品，想自己后期编辑色块，改变室内装修结构：Segmentation。

Depth和Segmentation除了用在建筑上，还可以用在人物照片上。

5. 风格控制模型

本节介绍Shuffle、Reference、T2IA 3个模型，都用于“风格限定”，但又稍有不同。

（1）Shuffle。

Shuffle模型也被称为“风格切换”模型，即将其他图片的画风转移到自己的照片上。

编号	RGB颜色值	16进制颜色码	颜色	类别（中文）	类别（英文）
1	(120, 120, 120)	#787878		墙	wall
2	(180, 120, 120)	#B47878		建筑；大厦	building; edifice
3	(6, 230, 230)	#06E6E6		天空	sky
4	(80, 50, 50)	#503232		地板；地面	floor; flooring
5	(4, 200, 3)	#04C803		树	tree
6	(120, 120, 80)	#787850		天花板	ceiling
7	(140, 140, 140)	#8C8C8C		道路；路线	road; route
8	(204, 5, 255)	#CC05FF		床	bed
9	(230, 230, 230)	#E6E6E6		窗玻璃；窗户	windowpane; window
10	(4, 250, 7)	#04FA07		草	grass
11	(224, 5, 255)	#E005FF		橱柜	cabinet
12	(235, 255, 7)	#EBFF07		人行道	sidewalk; pavement
13	(150, 5, 61)	#96053D		人；个体；某人；凡人；灵魂	person; individual; someone; somebody; mortal; soul
14	(120, 120, 70)	#787846		地球；土地	earth; ground
15	(8, 255, 51)	#08FF33		门；双开门	door; double door
16	(255, 6, 82)	#FF0652		桌子	table
17	(143, 255, 140)	#8FFF8C		山；峰	mountain; mount
18	(204, 255, 4)	#CCFF04		植物；植被；植物界	plant; flora; plant life
19	(255, 51, 7)	#FF3307		窗帘；帘子；帷幕	curtain; drape; drapery; mantle; pall
20	(204, 70, 3)	#CC4603		椅子	chair
21	(0, 102, 200)	#0066C8		汽车；机器；轿车	car; auto; automobile; machine; motorcar
22	(61, 230, 250)	#3DE6FA		水	water
23	(255, 6, 51)	#FF0633		绘画；图片	painting; picture
24	(11, 102, 255)	#0B66FF		沙发；长沙发；躺椅	sofa; couch; lounge
25	(255, 7, 71)	#FF0747		书架	shelf
26	(255, 9, 224)	#FF09E0		房子	house
27	(9, 7, 230)	#0907E6		海	sea
28	(220, 220, 220)	#DCDCDC		镜子	mirror
29	(255, 9, 92)	#FF095C		地毯	rug; carpet; carpeting
30	(112, 9, 255)	#7009FF		田野	field
31	(8, 255, 214)	#08FFD6		扶手椅	armchair
32	(7, 255, 224)	#07FFE0		座位	seat

图3-64　Segmentation色彩文档

原图是动漫风格，如图3-65所示。

图3-65　原图

画面内容不变，还是同样的女生，从二次元修改为水墨画风格，如图3-66所示。

图3-66　水墨画风格

继续转化为赛博朋克风格，如图3-67所示。

图3-67　赛博朋克风格

首先用大模型和提示词生成一张自己喜欢的图片，固定Seed值（随机数种子），然后打开ControlNet将别的照片画风转移到自己的照片。ControlNet的模型选择如图3-68所示，预处理器为shuffle，模型为Shuffle。

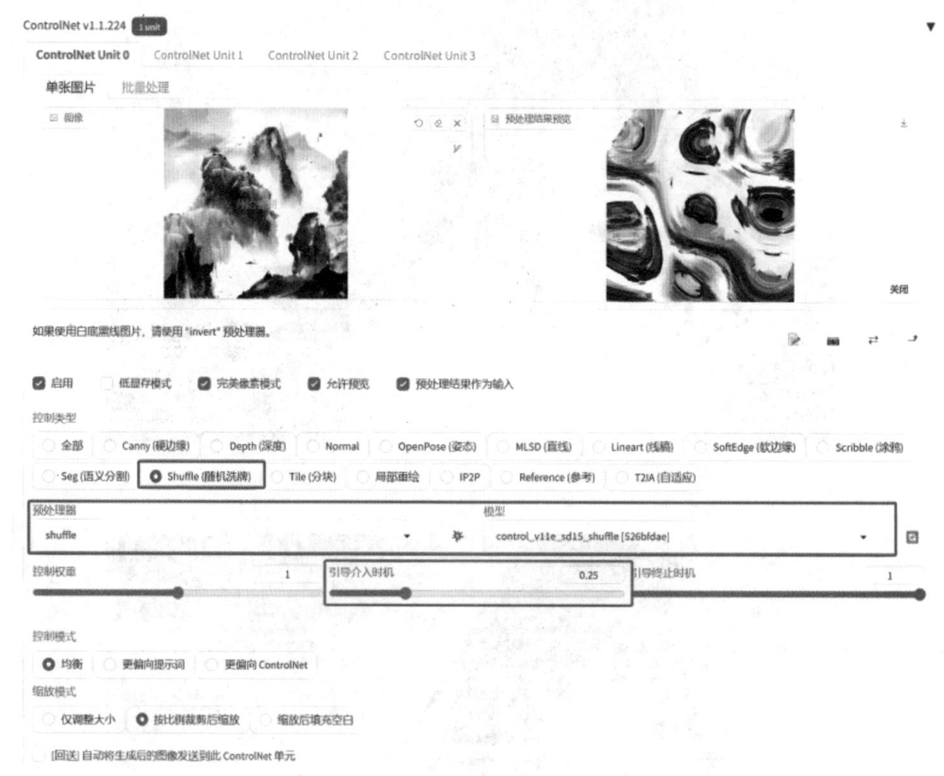

图3-68　shuffle预处理器与Shuffle模型

提示：固定Seed值是所有AIGC绘画工具中确保人物尽可能保持一致的重要技巧。

用Shuffle可能会影响自己原图的形状，可以调整“引导介入时机”的参数为0.2～0.3。先生成大体的形状再去改变画风，或者用两个ControlNet，一个用于固定线稿，另一个用于影响画风，如图3-68所示。

（2）Reference。

Reference模型也被称为“风格迁移”模型，即该模型可以很好地迁移原图中的角色。

①让照片“动”起来。

原始图片是一只静态坐姿的狗狗，如图3-69所示。我们希望通过Stable Diffusion让狗狗跑起来，如图3-70所示。

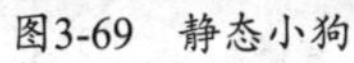

图3-69　静态小狗

图3-70　奔跑小狗

选择写实大模型，提示词为Highest quality, masterpieces, HD quality, A dog was running happily on the grass（高质量、大师杰作、高清、一只狗在草地上快乐地奔跑），如图3-71所示。

文生图　图生图　后期处理　PNG 图片信息　模型合并　训练

Highest quality, masterpieces, HD quality,A dog was running happily on the grass

图3-71　输入提示词

ControlNet的模型选择如图3-72所示，预处理器为reference，不用模型。

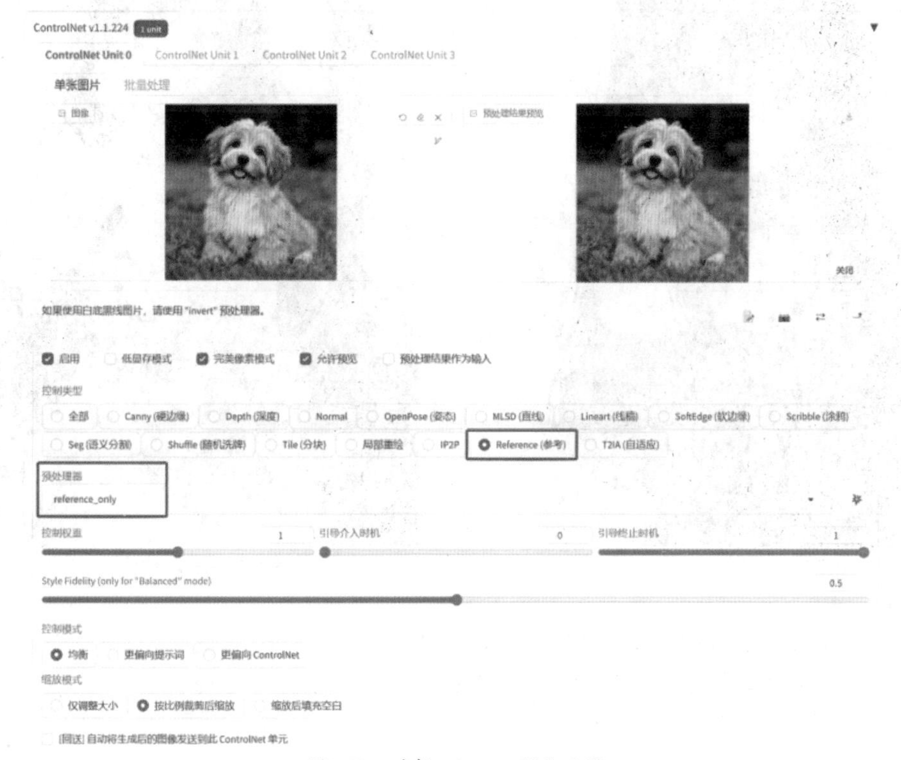

图3-72　选择reference预处理器

②扩展角色。

使用场景说明：给Stable Diffusion一张人物角色图，如图3-73所示，它会根据当前人物的五官、发型，生成新的姿势、发型、表情等，生成新的图片，如图3-74所示，在整个过程中人物样貌都保持不变。

图3-73　人物角色图

图3-74　Stable Diffusion重绘人物角色图

再扩展一下，还是同一个女生，提示词中可以加上情绪相关描述，如图3-75所示，或者为她设计不同的服装发型，如图3-76所示。

图3-75　加情绪描述

图3-76　更改服装发型

（3）T2IA。

T2IA模型比较特殊，不同的预处理器要用到不同的模型，主要功能如下。

- 将原图颜色模糊成马赛克再重新生成图片。
- 提取素描线稿，生成真人照片（也可使用Lineart）。
- 参考原图风格，生成相似风格的照片。

以第三个功能为例，先参考原图风格，如图3-77所示，马赛克化后，生成新图片，如图3-78所示。

图3-77 原图

图3-78 生成图

ControlNet的模型选择，如图3-79所示。预处理器为t2ia_color_grid，模型为t2iadapter_color。

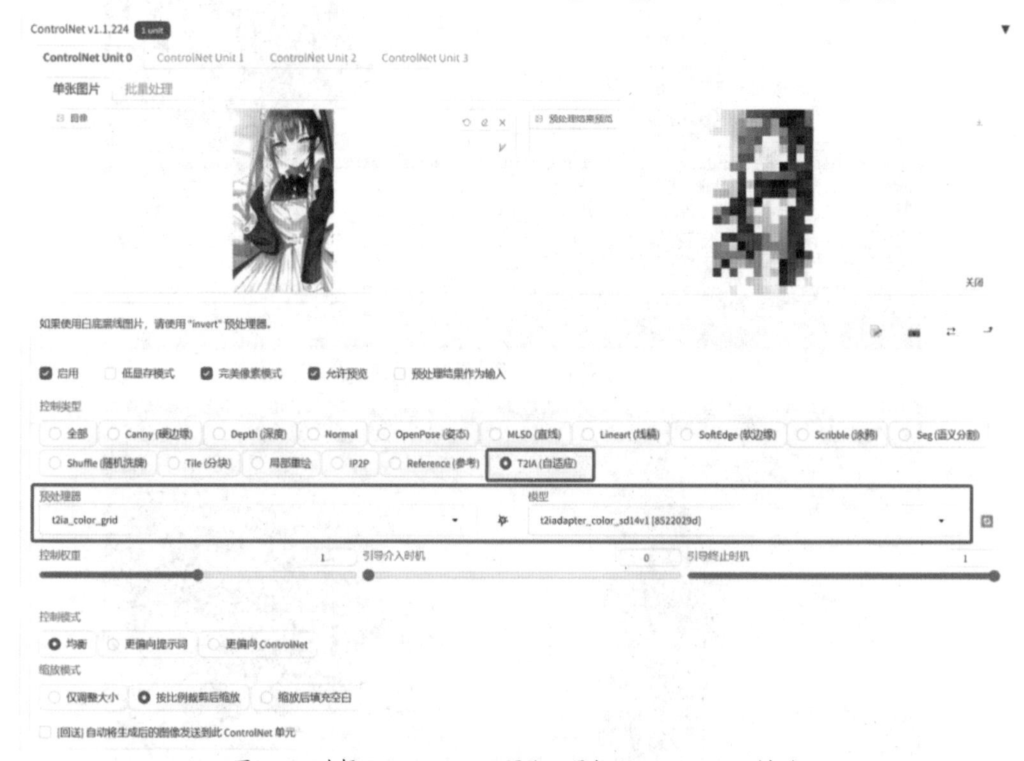

图3-79 选择t2ia_color_grid 预处理器与t2iadapter_color模型

6. 重绘模型——Inpaint

Inpaint功能和图生图中的局部重绘非常相似，二者区别在于：重绘区域和原图的融合效果更好，对于不会使用Photoshop的创作者来说是个福音。

（1）消除图片信息。

若要在画面中抹掉某个元素，例如左侧的人物，如图3-80所示，Stable Diffusion可以根据创作需求生成对应的内容，且画风保持一致，如图3-81和图3-82所示，并不会产生突兀的感觉。

图3-80　原图

图3-81　消除局部

图3-82　消除局部

填写照片背景的提示词，ControlNet的模型选择如图3-83所示。

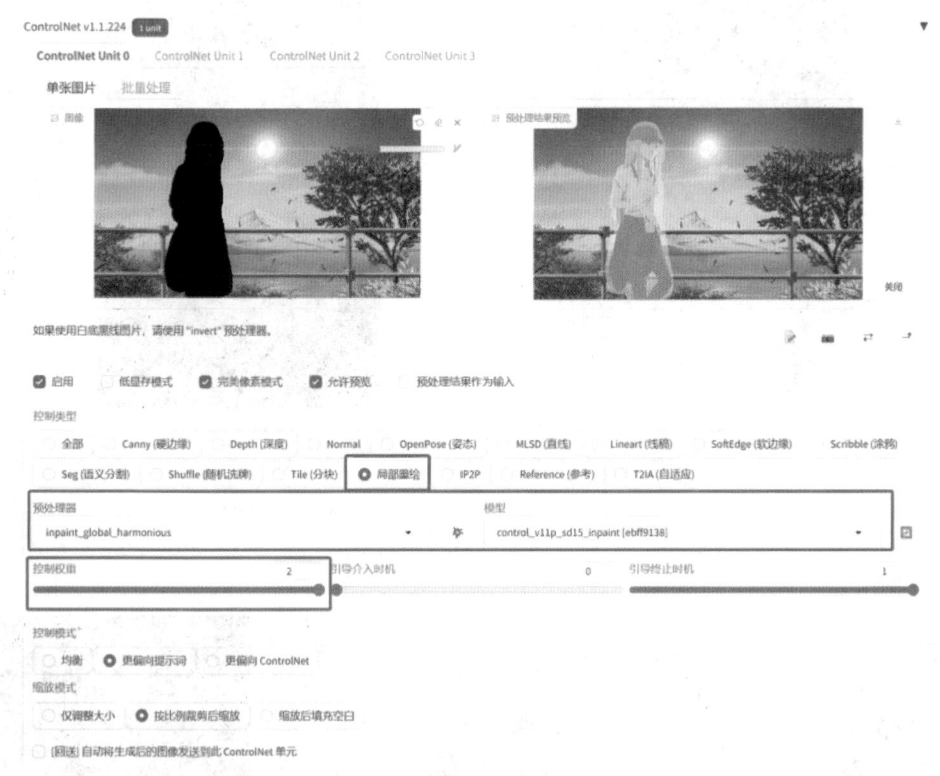

图3-83 选择预处理器与模型

预处理器为inpaint_global_harmonious，模型为Inpaint。

inpaint_global_harmonious预处理器是整张图进行重绘，重绘之后整体融合比较好，但是重绘之后的图片色调会改变。

inpaint_only只重绘涂黑的地方，为了重绘之后的图片更像原图，可以把控制权重拉满。

在图生图局部重绘出来的效果不如Inpaint，如图3-84所示。

图3-84 局部重绘效果图

（2）给人物换衣服。

预处理的操作及配置方法和前文相似，只是提示词不一样。

我们准备给照片中的角色更换衣服，如图3-85所示，但是人物面部不做改变，最终效果如图3-86所示。

图3-85 原图

图3-86 换衣后

7. 特效模型——IP2p

这又是一个彰显AI强大生产力的工具：可以根据创作者的文字描述生成特效。

原图为一栋房子，如图3-87所示，给照片添加一秒入冬的特效，如图3-88所示，给照片添加着火的特效，如图3-89所示。

图3-87 原图

图3-88 冬天效果

图3-89 着火特效

使用这个预处理器时，提示词比较特殊，需要加入make it 某某或让它变成某某。例如要让它变成冬天，就输入make it winter，ControlNet模型选择如图3-90所示。无预处理器，模型为IP2P。

图3-90 选择预处理器与模型

8. 补充照片细节模型——Tile

Tile模型的用法有很多，这里仅罗列4种较为常见的应用。

（1）恢复画质。

最近几年网络上出现很多老照片“翻新”，以及老电影上色，背后都得益于AI绘画技术的进步，黑白视频上色就是将视频中的每一帧静态图片完成上色。本节介绍的Tile模型就是为解决此问题而生的，原图模糊不清，如图3-91所示，恢复后的画质如图3-92所示。

图3-91　原图

图3-92　恢复画质

ControlNet的模型选择如图3-93所示。预处理器为tile_resample，模型为Tile。

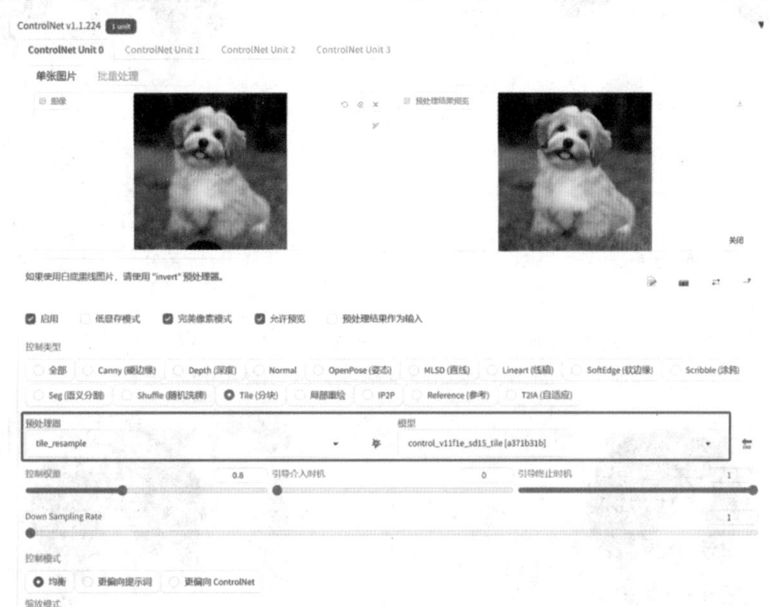

图3-93　选择预处理器与模型

但是这个恢复画质的方法不太适合真人图片，因为Tile模型的工作原理是先忽略掉照片的一些细节，再加上一些细节。但这些Stable Diffusion运算后加上去的细节可能会导致生成出来的照片和原图略有出入，经过修复的女生和修复前似乎不是同一人，修复前如图3-94所示，修复后如图3-95所示。

（2）涂鸦。

将自己画的草稿图给Stable Diffusion加工，变成精修图。寥寥数笔勾勒的草稿图如图3-96所示，AI为其补全细节并最终完成的效果如图3-97所示。

但是对于不掌握手绘技法而仅掌握AIGC工具的创作者来说，其对画面控制和构图方面完全比不过经过绘画训练的专业画手，审美方面没有经过绘画技能的训练也会略逊一筹。

熟练掌握传统绘画技法同时精通AIGC的复合型玩家，未来势必产生更高的人才溢价。

图3-94　人像原图

图3-95　人像恢复画质效果图

图3-96　随手涂鸦

图3-97　卡通成品

（3）真人变动漫。

并非所有创作者和设计师都是动漫画风手绘达人，而AI工具的出现极大地解决了这个痛点——无须手绘技巧，使用真人照片，如图3-98所示，即可生成动漫风格图片，如图3-99所示。

图3-98　人像

图3-99　生成动漫

（4）动漫变真人。

同理，动漫画风的人物也可以走进“现实世界”，即生成写实感照片。在Stable Diffusion工具的赋能下，创作者可以轻松穿越动漫世界和现实世界，轻松实现画风翻转，如图3-100～图3-103所示。

图3-100　红衣长发女生动漫版（由Stable Diffusion生成）

图3-101　红衣长发女生真人版（由Stable Diffusion生成）

图3-102　蓝衣少女动漫版（由Stable Diffusion生成）

图3-103　蓝衣少女真人版（由Stable Diffusion生成）

3.4.4 ControlNet总结

ContolNet作为Stable Diffusion创作者入门必备技巧，因为章节所限以及Stable Diffusion开源生态的高速发展，在撰写时不可避免地会遇到难以取舍的困扰，但考虑到本节主要作为AIGC前置科普知识，希望可以给予广大初学者一定的启发，同时也欢迎高阶玩家通过网络媒体和作者互动交流，共同进步。

目前Stable Diffusion及各类AIGC工具仍处于“概率游戏”的状态——用户需在生成结果中反复挑选。ControlNet虽然可以帮助提高生成图片的可控程度，但想完成自己最终满意的作品，反复测试及调整提示词、模型和参数都是必不可少的环节。

随着AI技术的不断迭代升级，未来还会有新的模型、新的技术，最终AI绘画或许可以实现心有所想、画有所达。

3.5 模型训练

模型训练作为Stable Diffusion玩家的“进阶能力”标准配置，训练出属于自己的模型，并将它分享给其他AI玩家使用，是AI创作者追求的“最高荣誉”。

3.5.1 从零开始训练专属LoRA模型

1. LoRA**是什么**

LoRA的全称是Low-Rank Adaptation Models，直译为“低阶自适应”。2021年，微软的研究人员为了解决大语言模型微调开发了这一项技术。

最早的Stable Diffusion只能使用Checkpoint大模型，如果创作者想要一种特定的内容或效果，且这个大模型不能满足设计需求，那么必须反复训练大模型。但是训练的技术要求很高，过程很复杂且漫长……是否可以让训练更简单、更快速？并且能让AI生成的图片满足特定的效果呢？LoRA至此横空出世。

LoRA可以帮创作者微调画面，达到预期效果。甚至个人PC机就可以进行训练，极大降低了模型训练门槛（虽然Stable Diffusion工具硬件配置门槛不算低，但相比专业服务器而言已大大降低），所以现在可以轻松、方便地在各大AI模型网站找到各式LoRA模型。

Stable Diffusion中的Checkpoint大模型可以理解为一本大字典，读者翻阅许久却找不到想要的内容，如果想要更新这本字典的内容，就要动用大量人力物力。而LoRA就像写着字的一页一页书签，一方面准确地指明了与读者想要内容相关的页数，另一方面写在上面的内容正是读者想要内容的补充。这样一来，读者就可以比较快速且准确地看到自己想要的内容。

注意，这个书签也需要搭配字典的内容使用，所以LoRA需要与之匹配的大模型一起使用。

（1）风格内容。

风格内容应有尽有，如图3-104所示，LoRA真正做到了百花齐放。

图3-104　LoRA风格类型

举个例子，如果创作者想使用中国风，就可以下载中国风的LoRA，如图3-105所示。

图3-105　中国风LoRA模型

如果想画光头强，就可以下载光头强的模型，如图3-106所示。

图3-106　光头强LoRA模型

还有更多的使用方法，更多有趣的模型，等待读者去探索。

（2）微调方法。

Stable Diffusion模型目前有4种微调方法：Dreambooth、LoRA（Low-Rank Adaptation of Large Language Models）、Textual Inversion和Hypernetworks。

- Textual Inversion（Embedding）：不改变原始的Diffusion模型，而是寻找与目标图像匹配的特征参数。但它不能教Diffusion模型渲染未见过的图像内容。
- Dreambooth：调整神经网络的所有权重并将输入图像训练进模型。它的本质是复制原型，并在此基础上进行微调，形成新模型。其缺点是需要大量的VRAM，但经过优化后可以在12GB显存下完成训练。
- LoRA：使用少量图片，它只训练特定的网络层权重，并插入新的网络层，从而避免修改原始模型参数。LoRA生成的模型小且训练速度快，但效果依赖于基础模型。
- Hypernetworks：训练原理与LoRA相似，但没有官方文档。与LoRA不同，Hypernetworks是一个独立的网络模型，用于输出，适合插入到原始Diffusion模型的中间层。

接下来介绍如何训练 LoRA 模型。LoRA 是一种轻量化的模型微调训练方法，是在原有大模型的基础上，对模型进行微调，从而能够生成特定的人物、物品或画风。该方法具有训练速度快、模型大小适中、训练配置要求低的特点，能用少量的图片训练出想要的风格效果。

其余方法不适合普通用户，原因是对计算机硬件要求更加苛刻，且对Stable Diffusion软件使用和AIGC基本原理都有一定知识要求。

提示：就实际创作体验和经验而言，所谓的“创意素人”（在AIGC领域，特指非设计、美术专业毕业，无绘画基础，无计算机编程能力的“素人”）只需将ControlNet和LoRA玩转，就足以成为AIGC领域的创作达人。

若希望进阶成为AIGC“至尊王者”，可在熟练掌握LoRA相关技巧后，研究挑战Dreambooth。精通Dreambooth的AIGC玩家目前数量较为稀少，有更大概率获得其他商业机会。

（3）LoRA 模型训练。

LoRA 模型训练主要分为四步。

- 训练数据集准备。
- 训练环境参数配置。
- 模型训练。
- 模型测试。

2. 训练环境参数配置

（1）训练环境种类。

一般有本地和云端两种训练环境。

- 本地训练：理论要求 NVIDIA 卡显存6GB以上（但事实上显存越高越好），推荐 RTX 30 系列及以上显卡，训练环境可以用kohya_ss本地部署，也可以用bilibili秋叶的一键训练包，都是开源免费的。
- 云端训练：如在青椒云、AutoDL、Google Colab 等云平台上训练，推荐 kohya-ss 训练脚本。云端训练的好处在于不占用本机资源。

（2）训练环境配置流程。

接下来以秋叶一键部署包进行训练环境配置，创建虚拟环境。

右击使用powershell运行，如图3-107所示。

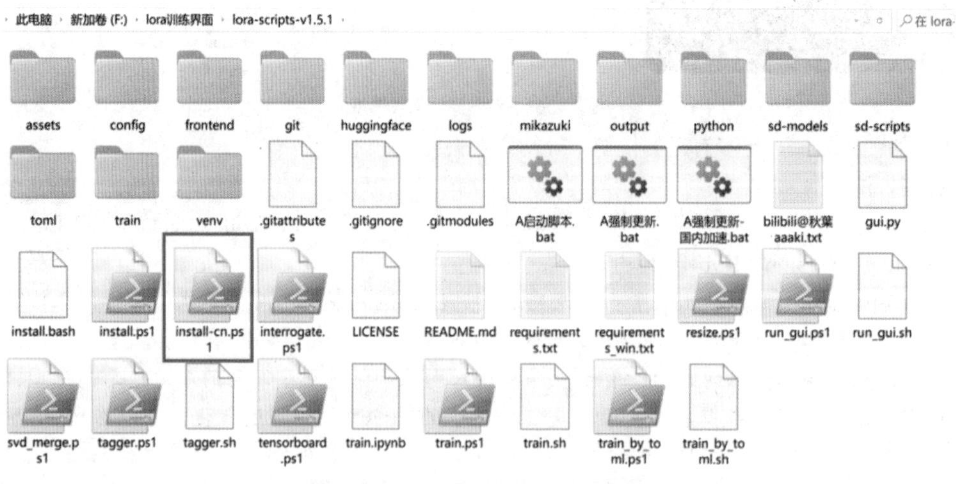

图3-107　右击使用powershell运行

安装Torch和xformers，输入y，再按Enter键，开始下载资源，如图3-108所示。

图3-108　安装Torch和xformers，输入y，再按Enter键

强制更新为最新版本，如图3-109所示，更新完毕后如图3-110所示。

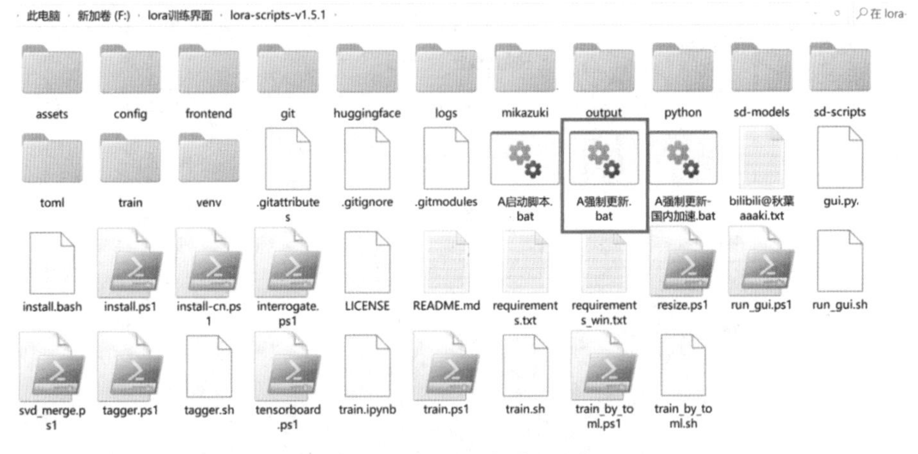

图3-109　强制更新最新版本

```
C:\Windows\system32\cmd.exe
->transformers==4.30.2->-r requirements.txt (line 2)) (0.4.6)
Requirement already satisfied: MarkupSafe>=2.1.1 in f:\lora训练界面\lora-scripts-v1.5.1\python\lib\site-packages (from w
erkzeug>=1.0.1->tensorboard==2.10.1->-r requirements.txt (line 10)) (2.1.2)
Requirement already satisfied: zipp>=0.5 in f:\lora训练界面\lora-scripts-v1.5.1\python\lib\site-packages (from importlib
-metadata->diffusers[torch]==0.21.2->-r requirements.txt (line 3)) (3.15.0)
Requirement already satisfied: multidict<7.0,>=4.5 in f:\lora训练界面\lora-scripts-v1.5.1\python\lib\site-packages (from
 aiohttp!=4.0.0a0,!=4.0.0a1->fsspec[http]>2021.06.0->pytorch-lightning==1.9.0->-r requirements.txt (line 8)) (6.0.4)
Requirement already satisfied: frozenlist>=1.1.1 in f:\lora训练界面\lora-scripts-v1.5.1\python\lib\site-packages (from a
iohttp!=4.0.0a0,!=4.0.0a1->fsspec[http]>2021.06.0->pytorch-lightning==1.9.0->-r requirements.txt (line 8)) (1.3.3)
Requirement already satisfied: async-timeout<5.0,>=4.0.0a3 in f:\lora训练界面\lora-scripts-v1.5.1\python\lib\site-packag
es (from aiohttp!=4.0.0a0,!=4.0.0a1->fsspec[http]>2021.06.0->pytorch-lightning==1.9.0->-r requirements.txt (line 8)) (4.
0.2)
Requirement already satisfied: aiosignal>=1.1.2 in f:\lora训练界面\lora-scripts-v1.5.1\python\lib\site-packages (from ai
ohttp!=4.0.0a0,!=4.0.0a1->fsspec[http]>2021.06.0->pytorch-lightning==1.9.0->-r requirements.txt (line 8)) (1.3.1)
Requirement already satisfied: yarl<2.0,>=1.0 in f:\lora训练界面\lora-scripts-v1.5.1\python\lib\site-packages (from aioh
ttp!=4.0.0a0,!=4.0.0a1->fsspec[http]>2021.06.0->pytorch-lightning==1.9.0->-r requirements.txt (line 8)) (1.9.2)
Requirement already satisfied: pyasn1<0.6.0,>=0.4.6 in f:\lora训练界面\lora-scripts-v1.5.1\python\lib\site-packages (fro
m pyasn1-modules>=0.2.1->google-auth<3,>=1.6.3->tensorboard==2.10.1->-r requirements.txt (line 10)) (0.5.0)
Requirement already satisfied: oauthlib>=3.0.0 in f:\lora训练界面\lora-scripts-v1.5.1\python\lib\site-packages (from req
uests-oauthlib>=0.7.0->google-auth-oauthlib<0.5,>=0.4.1->tensorboard==2.10.1->-r requirements.txt (line 10)) (3.2.2)
Requirement already satisfied: mpmath>=0.19 in f:\lora训练界面\lora-scripts-v1.5.1\python\lib\site-packages (from sympy-
>torch>=1.10.0->accelerate==0.23.0->-r requirements.txt (line 1)) (1.3.0)
Installing collected packages: library
  Running setup.py develop for library
Successfully installed library-0.0.0

[notice] A new release of pip is available: 23.0.1 -> 23.3.1
[notice] To update, run: F:\lora训练界面\lora-scripts-v1.5.1\python\python.exe -m pip install --upgrade pip
已全部更新成功
请按任意键继续. . .
```

图3-110　更新完毕

启动脚本，如图3-111所示。

UI界面如图3-112所示。

训练模块：新手和专家（为覆盖大部分新手玩家，本书以新手训练为主）。

训练数据：WD1.4标签器。

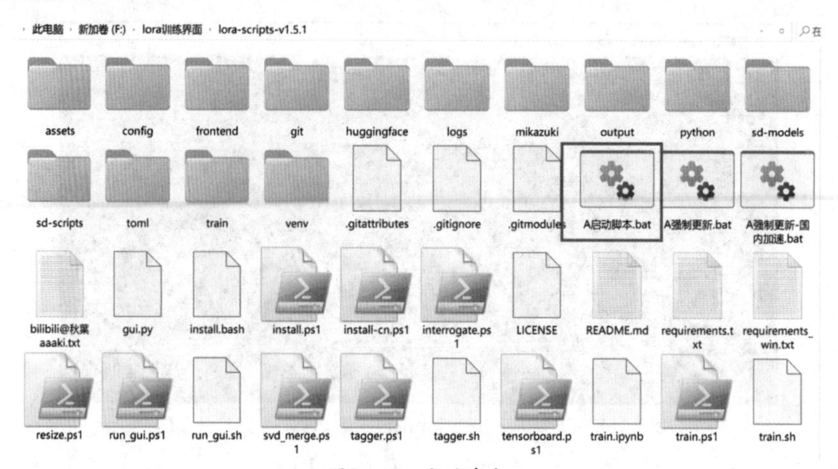

图3-111　启动脚本

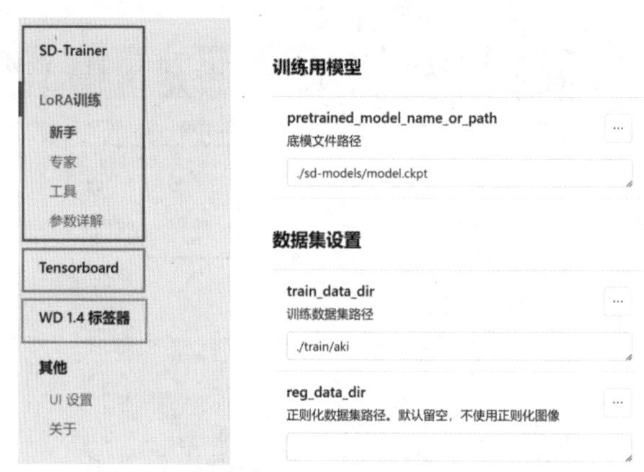

图3-112　训练环境UI界面

3. 训练数据集准备

（1）训练素材选择。

首先确定自己的训练主题，例如某个人物、某种物品、某种画风等，从最简单的角色模型训练开始。

确定角色后，需要准备用于训练的素材图片，素材图片的质量直接决定模型的质量，好的训练集有以下要求。

- 不少于15张的高质量图片，一般可以准备20～50张图片。
- 图片主体内容要清晰可辨，特征明显，不能残缺或遮挡，图片构图简单，避免其他杂乱元素。
- 角色照片尽可能以脸部特写为主，尽量多角度、多表情。
- 不同姿势、不同服装的半身像和全身像，用于不同镜头距离下的还原。
- 减少重复或相似度高的图片。
- 少量不同画风，增加泛化性。

（2）训练集预处理。

- 统一格式：jpg或png。
- 对于低像素的素材图片，可以用Stable Diffusion的Extra功能进行高清处理。
- 剪裁与缩放：统一素材图片分辨率，注意分辨率为64的倍数，显存低的（6GB以下）可裁切为512×512，显存高的（12GB以上）可裁切为768×768，可以通过本地图片处理工具或各类在线工具对图片素材进行批量裁切。
- 清理与加工：去除原图中的水印、LOGO等元素，并对色彩饱和度和对比度修正。
- 抠图（部分）：让图片受到尽量少的干扰，训练目标与背景颜色融合度较高建议抠图，不要透明背景和白色背景，最好处理成灰色背景。
- 对上述文件进行最终检查。

（3）图像预处理。

图片预处理的关键是对训练素材打标签，从而辅助AI学习。接下来介绍两种打标签的方法。

方法一：自动打标WD1.4标签编辑器（推荐）。

读者可通过网络搜索获取该工具的最新版本 。

安装 Tagger 标签器插件，进行 tags 打标签，如图3-113所示。选择批量处理，输入目录填写处理好的图片目录，设置标签文件输出目录，开始打标签。

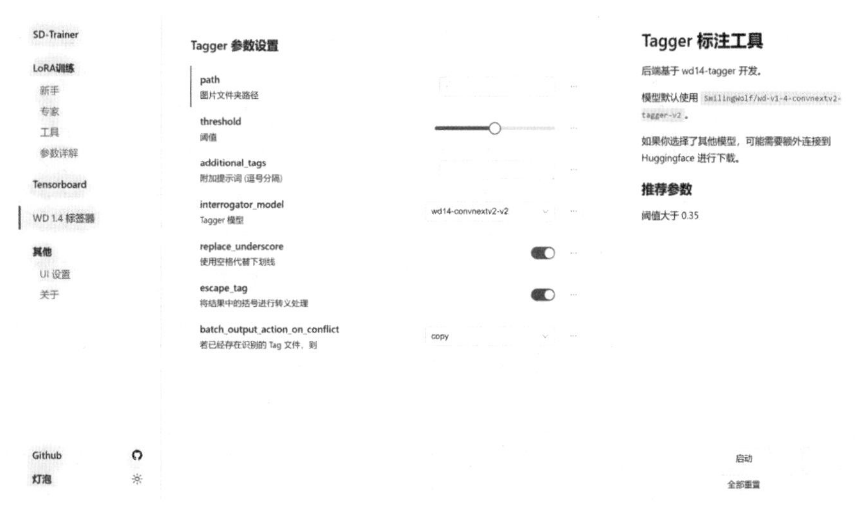

图3-113　安装 Tagger 标签器插件，进行 tags 打标签

WD1.4标签器参数解释。

- Path：图片文件夹路径。
- Threshold：阈值，数字越小，打标签越多；数字越大，打标签越少，推荐0.35～0.5，如果数字太小，可能会加入不相干的或者重复的标签，数字过大，可能会遗漏标签。
- Additional tags：附加提示词，给所有的功能加上同样的标签，也是触发词，可以加一个或多个，若是多个则用逗号隔开。
- Interrogator_model：识别模型的选择，如图3-114所示。识别模型无论选择哪个都可以，结果差异不大，可能会略有不同。wd14-swinv2-Tagger-v2（P=R: 阈值 = 0.3771，F1 = 0.6854）；wd14-convnext-v2-Tagger-v2（P=R: 阈值 = 0.3685，F1 = 0.6810）；wd14-vit-v2-Tagger-v2（P=R: 阈值 = 0.3537，F1 = 0.6770）。

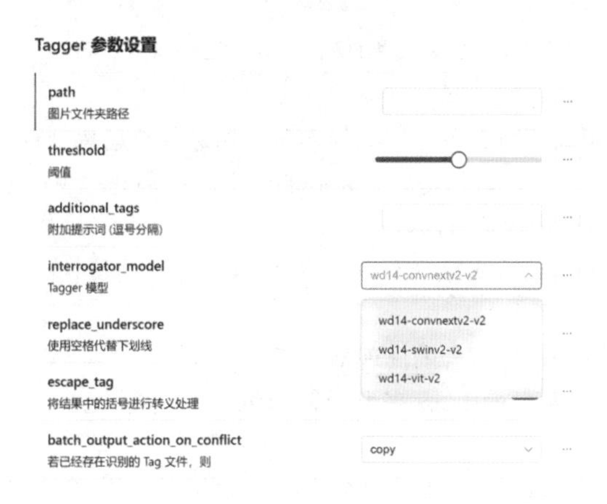

图3-114　识别模型的选择

- Replace_underscore：有的工具打标之后词组是用下画线连接的，打开之后使用空格代替下画线，不影响识别。

- Escape_tag：转译成\(的形式。
- Batch_output_action_on_conflict：对于文件夹已经有打标文件的处理，可以按需选择ignore（忽略）、copy（复制）、prepend（前置），如图3-115所示。

图3-115　按需选择已经打标的文件

方法二：人工打标BooruDatasetTagManager。

把训练素材文件夹路径填写到 Stable Diffusion 训练模块中的图像预处理功能，勾选生成 DeepBooru，进行 tags 打标签，如图3-116所示。

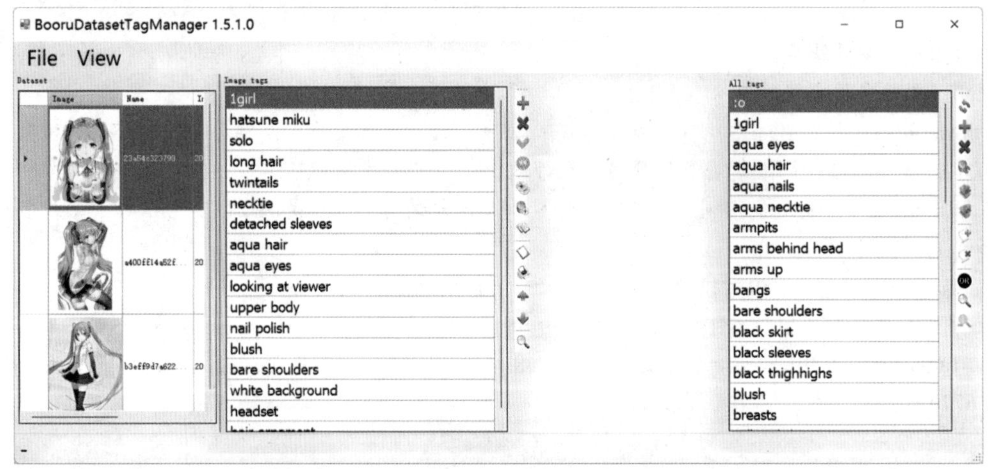

图3-116　勾选生成 DeepBooru，进行 tags 打标签

（4）打标优化。

市面上有更简单的工具，可以把所有图片一次导入，一切进行自动化处理。优点是方便，缺点是质量不可控。类似自动档汽车和手动档汽车，若想得到更精确的结果，在预处理生成 tags 打标文件后，还需要对文件中的标签进行再优化，一般有两种优化方法。

方法一为保留全部标签。就是对这些标签不做删标处理，直接用于训练。一般在训练画风，或想省事快速训练人物模型时使用。

优点：不用处理 tags 省时省力，过拟合的出现情况低。

缺点：风格变化大，需要输入大量 tags 来调用，训练时需要把 epoch 训练轮次调高，导致训练时间变长。

方法二为删除部分特征标签。例如训练某个特定角色，要保留蓝色头发作为其自带特征，那么需将 blue hair 标签删除，删除标签是为了确保模型将特定特征与虚拟角色联系起来，而不会受到其他特征的干扰，从而提高图像调整的自由度。

一般需要删掉的标签如人物特征、green dress（绿色裙子）、curly hair（卷曲的头发）。

不需要删掉的标签如人物动作 stand（站立）、sit（坐）；人物表情 smile（微笑）、cry（哭泣）；背景 white background（白色背景）；拍摄角度 full body（全身像）、upper body（上半身）。

优点：调用方便，更精准还原特征。

缺点：容易导致过拟合，泛化性降低。

模型训练过程中需要理解几个重要概念，即拟合、欠拟合、过拟合、泛化性和迁移性。

- 拟合（Fitting）：在机器学习中，一个“拟合”良好的模型能够从训练数据中学习到足够的模式和规律，同时保留对新数据的适应性。就像一位大厨精准掌握了食材的烹饪时间和火候，使得每一道菜不仅在味道上得到食客的称赞，同时也能适应各种食材，展现其独特的风味。
- 欠拟合（Underfitting）：欠拟合发生在模型过于简单，未能捕捉到数据关键结构的场景。好比一位初级厨师，虽然遵循食谱，但无法理解其中精髓所在，结果烹饪出的菜肴平淡无奇，味道缺乏层次感。
- 过拟合（Overfitting）：过拟合则是模型过于复杂，过分适应训练数据的特点，而无法有效预测陌生的新数据。仿佛一个过于追求完美的大厨，专注于给特定食客烹制菜肴，却忽略了其他人的口味，其成果虽精致但不具普遍性。
- 泛化性（Generalization）：泛化性是衡量模型适应新数据能力的关键。一个具有良好泛化能力的模型，就像一位经验丰富的大厨，不仅能做出经典菜肴，还能根据不同的食材和客人的需求，创造出新的美味。
- 迁移性（Transferability）：迁移性强的模型能够将在一个任务上学到的知识应用到其他不同的任务上。如同一位多才多艺的大厨，他不仅精通川菜，还能轻松掌握粤菜或法式料理，展现出卓越的烹饪技艺多样性。

4. 训练参数配置

（1）基础参数设置。

- train_data_dir：训练集输入目录，训练图片目录为图片集目录的上一层目录，如想训练miku 10轮，训练集路径是E：\LoRA训练界面\LoRA-scripts-v1.5.1\train\miku\10_miku，应该复制路径E：\LoRA训练界面\LoRA-scripts-v1.5.1\train\miku。
- 底模：填入底模文件夹地址 /content/LoRA/Stable Diffusion_model/，刷新加载底模。推荐选择该风格祖宗级模型或原生训练的模型，或者选择与训练集相近风格的模型。一般地，跟训练底模风格接近的作图底模效果会更好。
- resolution：训练分辨率，支持非正方形，但必须是 64的倍数。一般方图为512×512、768×768，长图为512×768，尺寸填写训练集中占比较大的分辨率尺寸，例如，有512×512分辨率10张，512×768分辨率20张，我们将填写512×768。
- reg_data_dir：正则化数据集是降过拟合的数据集，过拟合就是训练过头了，一般选择默认。
- batch_size：一次性送入训练模型的样本数，显存小推荐 1，12GB 以上推荐 2~6，并行数量越大，训练速度越快。总学习步数=（图片数量× 每张训练次数× 轮次）÷ 批量大小，例：（40×10×10）÷2=2000 步，角色一般需要1000～3000步。

提示：batch size 设置具体要看设备显存大小，显存小（6GB及以下）默认设置为1，显存大的显卡（12GB及以上）可以根据情况而定，可以写2~6。并行处理的步数越多，LoRA训练的速度越快。batch size与学习率相关，batch size改变，学习率也要相应变化，如batch size是2，相应学习率也要增加2倍。

- max_train_epoches：最大训练的 epoch 数，即模型会在整个训练数据集上循环训练的次数。如最大训练 epoch 为 10，那么训练过程中将会进行 10 次完整的训练集循环，一般可以设为 5~10。
- network_dim：线性 dim，代表模型大小，数值越大模型越精细，常用 4～128，如果设置为 128，则 LoRA 模型大小为 144M。参考值为二次元角色32或64，真实图片64或128，画风图片64或128，图片越多，精度越高，取更高值。
- network_alpha：线性 alpha，一般设置在dim值的1/2或1/4。

（2）输出设置。

- 模型输出地址：模型输出目录，把之前建立的训练输出文件夹路径复制过来。
- 输出模型名称：可以填模型主题名。
- 保存模型格式：模型保存格式，默认为 safetensors。
- Save every N epochs：每 N（轮）自动保存一次模型，写1则每训练一轮便保存一次LoRA模型，如果前面epoch设置10轮，这里写1，则最后训练完成可以得到10个LoRA模型。

（3）学习率设置。

- unet_lr：unet 学习率，默认值为 0.0001，也可以写为1e-4。
- text_encoder_lr：文本编码器的学习率，一般为 unet 学习率的一半或者十分之一，例如，Unet learning rate为1e-5，那么文本编码器学习率可以设置为5e-5（即1e-4的一半），十分之一是1e-5。
- lr_scheduler：学习率调度器，用来控制模型学习率的变化方式，以提高模型的训练效果和泛化能力。可理解为训练时的调度计划安排，默认为constant（恒定值），常用cosine_wite_restarts（余弦退火）。

提示：余弦退火算法（Cosine Annealing）是一种让学习率随时间逐渐减小的优化算法，可以帮助模型更快地收敛到最优解，并改善泛化能力。通过调整学习率的衰减方式可以避免陷入局部最优解。

- lr_warmup_steps：升温步数，仅在学习率调度策略为constant_with_warmup时设置，用来控制模型在训练前逐渐增加学习率的步数，一般不动。
- lr_restart_cycles：退火重启次数，仅在学习率调度策略为cosine_with_restarts时设置，用来控制余弦退火的重启次数，一般保持默认。
- Optimizer：优化器，根据当前模型计算结果与目标的偏差，不断引导模型调整权重，使得偏差不断逼近最小。默认使用AdamW8位。

（4）采样参数设置。

- Sample every n epochs：每 N 轮采样一次，一般设置为 1。
- Sample every n steps：例如设置为 100，则代表每训练 100 步采样一次。
- Sample prompt：采样提示词，设置之后，LoRA 训练的同时会每隔设定的步数或轮次，生成一幅图片，以此来直观地观察 LoRA 训练的进展。

完成训练参数设置后，单击全部参数确认、生成 toml 参数与采样配置文件，并保存配置文件。

5. 模型训练

训练参数配置保存完成后，即可开启模型训练之旅，如图3-117所示。

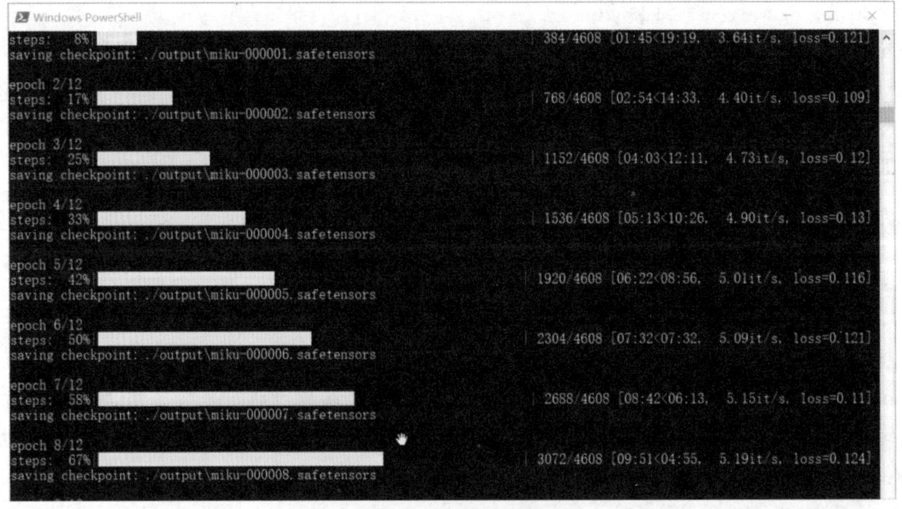

图3-117　开始训练

这里的 steps 代表总训练步数。一般总训练步数不低于 1500，不高于 5000。

总训练步数=（Image图片数量 × Repeat每张图片训练步数× epoch训练轮次）/ batch_size并行数量。

训练完成后，模型文件会保存到设置的输出目录，如图3-118所示。例如 epoch 训练轮次设置为 10，就会得到 10 个训练好的 LoRA 模型。

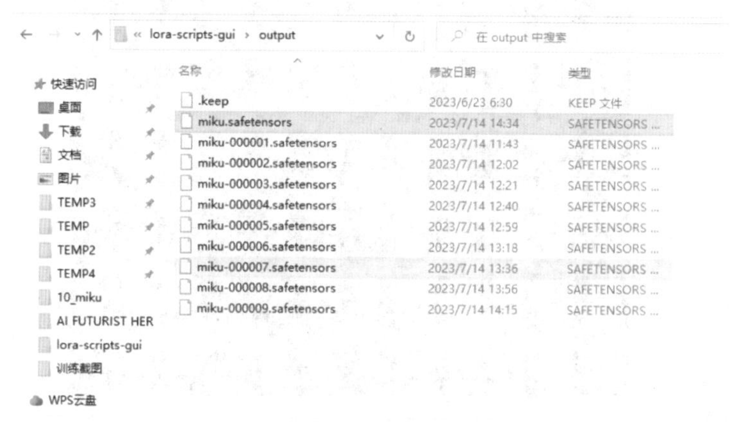

图3-118 模型文件保存到设置的输出目录

6. 模型测试

模型训练完成后，要对训练好的这些模型进行测试，以找出最适合的那个模型（哪个模型在哪个权重值下表现最佳）。

- 把训练好的 LoRA 模型全部放入 LoRA 模型目录 Stable-Diffusion-webui/models/LoRA。
- 打开 Stable Diffusion WebUI，在 Stable Diffusion 模型里先加载模型训练时的底模，LoRA 模型里加载一个刚训练好的 LoRA 模型，如 000001 模型，填上一些必要的提示词和参数，可以改变特征来测试泛化性，例如数据集是蓝色头发，则提示词中改成粉色头发。
- 在 Stable Diffusion WebUI 页面最底部的脚本栏中调用 XYZ plot 脚本，设置模型对比参数，如图3-119所示。

提示：其中 X 轴类型选择训练好的模型， Y 轴选择LoRA权重（可以按需测试其他数值）。

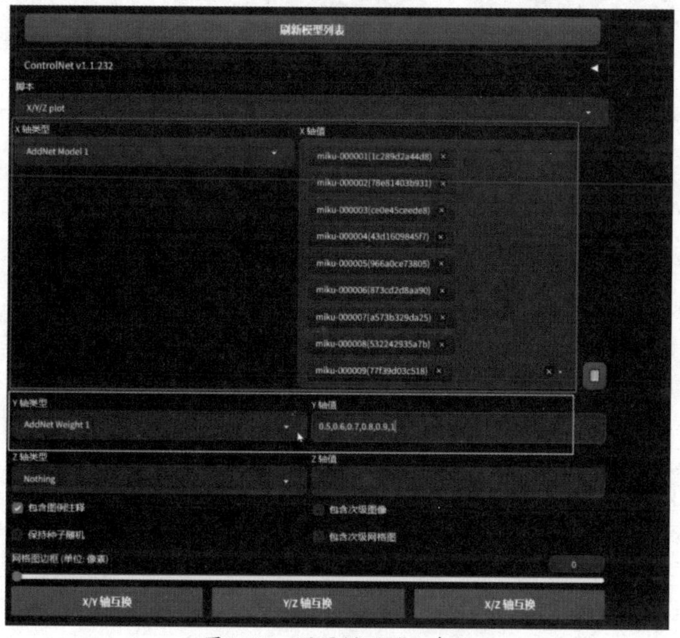

图3-119 设置模型对比参数

设置完毕后，单击“生成”按钮，开始生成模型测试对比图，如图3-120所示。

图3-120　模型测试对比图

通过对比生成结果，选出表现最佳的模型和权重值，如图3-121所示。

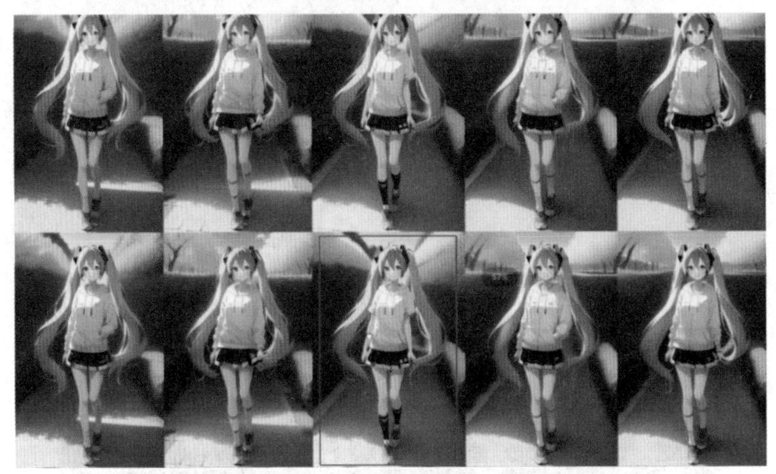

图3-121　选出表现最佳的模型和权重值

把选出的 LoRA 训练模型做一个规范化命名，例如miku_LoRA_v1，重新刷新 LoRA 模型列表就能加载使用。在实际应用中，可以结合 ControlNet 来使用，以提升可控性。

3.5.2　小白也能轻松训练大模型

1. Dreambooth 简介

在Stable Diffusion的世界里有4种模型训练方法——Dreambooth、LoRA、Textual Inversion和Hypernetwork，好比烹饪中的不同技法，这些方法在图像生成的艺术中各展所长，各有“风味”。

DreamBooth算法像是一位精于细节的大厨，能够通过少量的图像，精准地调整绘画模型，使模型可以忠实地复刻图像中的主体特征和风格。

然而，训练一个庞大的模型，就像准备一场盛大的宴席，需要数亿的数据和参数，远非个人计算机能承担。但是，有了Dreambooth这个神奇的“调料”，我们无须操作整个庞大的模型，只需微调其中几个关键的参数，便能够培养出自己的大模型。

对于那些觉得“大模型”是一个高不可攀的概念的人来说，这里有一个小秘密：训练大模型并不像想象中那么复杂，它就像是做一道家常菜，简单而亲切。只要我们熟悉并掌握其中几个关键“调料”——模型选择、数据准备、参数调整等，跟随教程一步一步来，就会发现训练大模型就像炒个鸡蛋一样简单。

2. 准备数据集

准备数据集也是重要的一步。如果数据集质量不够优质，那参数再完美也不可能训练出一个好的大模型。

（1）训练集准备。

好的训练集有以下要求。

- 不少于15张高质量图像，一般可以准备20～50张图。
- 图像主体内容清晰可辨，特征明显，不要残缺或遮挡，图像构图简单，避免其他杂乱元素。
- 角色照片尽可能以脸部特写为主，尽量多角度、多表情。
- 不同姿势、不同服装的半身像和全身像，用于不同镜头距离下的还原。
- 减少重复或相似度高的图像。
- 少量不同画风，增加泛化性。

（2）数据集处理。

将图像统一处理成512×512规格，因为统一的图像尺寸有助于模型更有效地学习和生成图像，有以下两种方法。

第一种方法是使用train中的process image对图片文件夹进行定义，定义源目录（source directory）和目标目录（destination directory），如图3-122所示。

图3-122 数据集批量处理

第二种方法是使用在线工具对图片素材进行批量处理形成训练数据集，使用数据集处理后如图3-123所示。

图3-123 数据集网站批量处理

数据集：30 张3D人的 512×512 的图像，如果需要使 Dreambooth 模型更加多样化，尽量使用不同的环境、灯光、发型、表情、姿势、角度和与主体的距离。

3. Dreambooth 工具下载

对于Dreambooth的模型微调，目前主要采用两种方式。

第一种方式是通过Stable Diffusion WebUI的可视化界面，用户可以选择模型、上传训练图像并在本地进行训练。

第二种方式是在第三方平台，如colab notebook上使用脚本进行交互式开发和训练。

本书简单介绍本地部署训练方法，训练大模型硬件要求比LoRA要严格，显存需要至少12GB，但从实际使用反馈来看，至少16GB才能让创作者感觉到“速度还行”。

- 打开WebUI，在WebUI上执行Extensions|Available|Load from命令。
- 搜索Dreambooth并单击Install按钮，等待安装。
- 安装完成后执行Extensions|Installed|Apply and restart UI命令。

4. 创建模型

- 单击 Dreambooth 的标签页。
- 输入模型的名称，在本例中将其命名为3D charactor，请务必以数字和英文命名，否则容易报错。
- 选择任意底模，建议选择“祖宗模型”（即最原始的版本）和原生模型，本书选择 v1-5-pruned.ckpt。
- 512x模型的选项需要取消勾选。
- 单击创建模型，如图3-124所示。

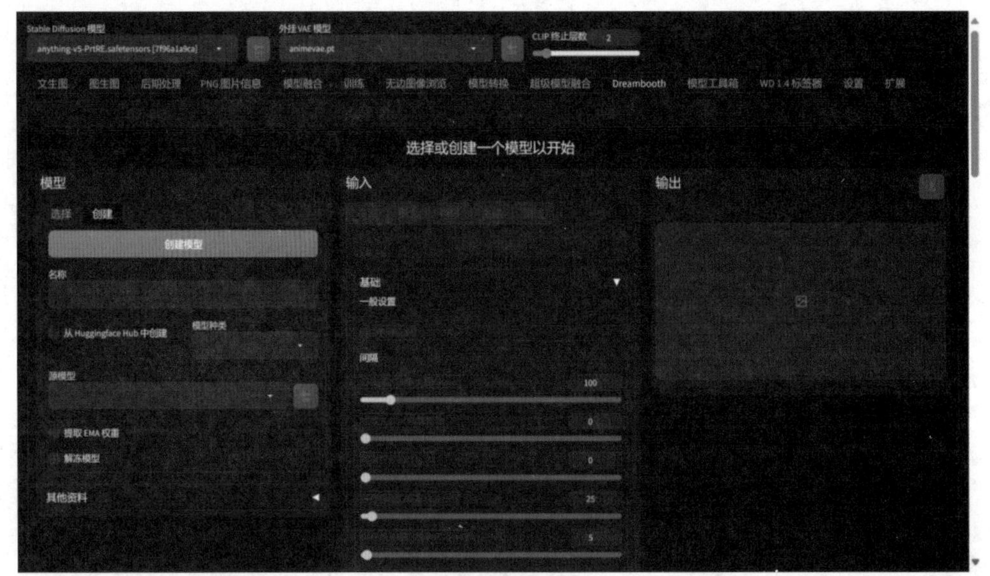

图3-124 创建模型

5. 参数设置

（1）间隔 Interval。

- Training Steps Per image（epoch），每张图的训练步数，例如数据集中共30张图像，数据集总共需要训练3000步，每张图像训练100步。新手建议数值保持为100，波动数值上下不要超过20，否则容易过拟合。
- Pause After N Epochs 表示想在每个 epoch 后暂停休息的时间，可设置为 0。
- Amount of time to pause between Epochs（s）显卡休息的时间长短，单位是秒（s），可设置为 0。
- Save model Frequency 表示每 N 轮保存一次模型。每次保存大约4～5GB，硬盘空间不足可以设置为更高的值。
- Save Preview（s）Frequency（Epochs）在每个时期生成预览图像，用于查看训练结果是否过拟合，一般设置为5，否则会影响训练速度。

（2）批量操作 Batching。

- Batch Size 是单批数量，用于加快训练时间，但是会增加 GPU 的内存使用量。例如数值1，单词抓取1张图像进行训练，8是单次抓取8张进行训练，注意需要填写能被训练集图像数量整除的数字。
- Gradient Accumulation Steps 梯度累计步骤。原理是每次获取1个batch的数据，计算1次梯度，不断累加，累加一定次数后，根据累加的梯度更新网络参数，然后清空梯度，进行下一次循环。一定条件下，batchsize 越大，则训练效果越好，梯度累加则实现了 batchsize 的变相扩大，如果设置为 8，则 batchsize “变相” 扩大了8倍，使用时需要注意，学习率也要适当放大，新手推荐数值2。

（3）学习率 Learning Rate。

- 学习率（learning rate）是深度学习中的一个超参数，决定了模型权重在每次更新时调整的幅度。如果学习率太高，模型可能会在寻找最佳解时“跳过”最优点，导致训练不稳定。
- 如果学习率太小，模型的训练速度会很慢，可能会停在一个不是很好的局部最小值。新手建议选择默认值1e-6，即0.000001。
- 学习率调度器，默认选择constant_with_warmup，学习策略从较低的学习率开始逐渐增加，确保模型在训练初期不会由于过高的学习率而发散。
- 学习率预热步数，新手建议60步。

（4）Advanced 设置。

- Resolution：分辨率填写768分辨率，代表更高清的图像。
- Apply Horizontal Flip 随机地将图像应用于水平翻转，用于训练集较少时，也会影响训练效率。
- Use EMA：一般不勾选，用于梯度下降的 EMA 对于微调不重要，使用指数移动平均权重以避免在最终迭代中过度拟合。提高质量，但在训练期间使用更多 VRAM。
- Use 8bit Adam 勾选，使用 bitsandbytes 中的 8位 Adam。
- mixed precision 中选择 fp16或者bf16，建议选择 fb16，效果更好。
- Menory Attention 中选择 xformers，加快训练过程。
- 最大词元长度：调节到300最大值。

（5）Concept 页面的设置。

- 数据集目录 在概念中将数据集目录路径粘贴到地址栏中。
- concepts的页面中的 train person和 train object/style 有不同的默认值，但是不推荐新手去默认。

（6）Saving 设置。

- general custom model name：自定义模型名称。
- Generate a .ckpt file when training completes：保留训练结束后的ckpt。
- 然后保存上方设置。

6. 训练解析

单击训练就可以看到结果，等待训练完成结束，调用模型进行分析。

（1）训练过程分析。

训练过程会产生一系列预览图像。通过这些samples预览图像，能直观地了解模型的当前训练状况。但要特别注意，DreamBooth在训练过程中容易过拟合，所以观察这些图像变化是关键。

（2）使用模型文生图。

完成模型训练后，可以通过文生图的方式，用测试特定提示词Prompts的权重来验证模型的效果。此外，选择合适的Seed种子也非常关键，可以参考“prompt matrix”脚本，通过输入不同数值来确定哪个效果最佳。

提示：模型训练是Stable Diffusion玩家技能树中“最后的皇冠”，涉及计算机基本使用、数据集标签整理及模型参数调整等多方面综合知识影响，是对AIGC玩家在艺术创造、技术理解和细节洞察力的全面考验。

掌握模型训练技能不仅意味着能够创造出属于AIGC用户独一无二的AI模型，更是对自身学习能力和创新思维的升华。在这个过程，每一次的实验、每一次的失败和成功，都是向着成为Stable Diffusion领域真正大师迈进。期待在各大Stable Diffusion模型网站看到各位读者发布的模型。

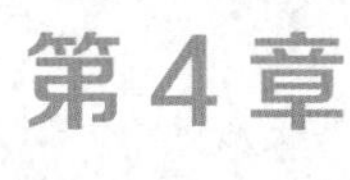

第4章
先天强势+后发优势：DALL · E 3

作为拥有ChatGPT的明星公司OpenAI，成功凭借其大语言模型频繁地成为行业热点和话题中心。OpenAI旗下其实还有AI绘画模型——DALL · E。在Midjourney和Stable Diffusion如日中天时，DALL · E似乎显得有些黯淡无光，被很多AI绘画用户认为“不太好用”。

任何一个行业都无法被忽略的事实是，“后发者”可以轻松遵循“先行者”的轨迹而少走许多弯路，ChatGPT已将第三代绘画工具Dall · E 3整合在界面中，绘画品质也大幅提升。

4.1 后发优势——OpenAI 的大杀器?

当Midjourney和Stable Diffusion正忙于彼此的竞争，试图在这场技术之战中占领制高点时，DALL·E默默地在背后完成了一次深度进化，就在AI绘画玩家纠结如何选择更称手的工具时，它已经进化到了DALL·E 3（第三个）版本。

这是一个令人震撼的版本，因为它不再是独立入口，如图4-1所示，而是和对话功能完成了整合，如图4-2所示。

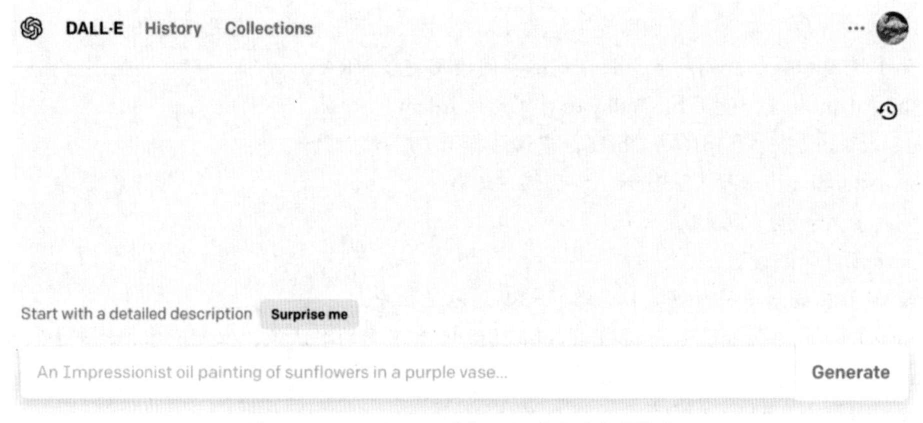

图4-1 DALL·E入口（与GPT“互不隶属”）

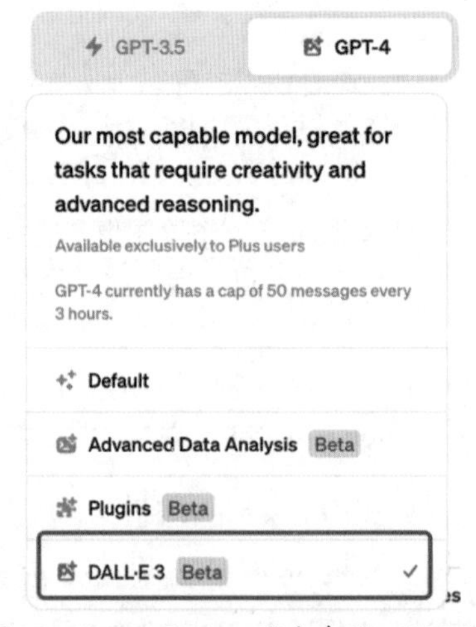

图4-2 DALL·E 3入口融合在ChatGPT-4中

在未来的日子里，随着DALL·E3的加入，AI绘画工具的市场竞争日趋激烈，而用户可选的工具也更加丰富，依托GPT自身的强大功能，DALL·E3的加入会不会是AIGC发展的全新里程碑？让我们拭目以待。

4.2 真正实现“说人话”就能绘画的AI工具

从苹果Siri到谷歌AlphaGo，从华为ADS辅助驾驶到阿里巴巴无人零售店，每一次创新都向我们证明了人类科技的无限可能。之前的外国AI绘画工具使用方面有语言这一极大的门槛，而这次DALL·E3，让AIGC创作者看到了新的希望。

4.2.1 DALL · E3的逆天优势

不同于Midjourney和stable diffusion，DALL·E3所带来的并不仅仅是一个功能的升级或者是性能的提升，更重要的意义在于让创作变得更简单、更直观。

1. **优势一：可使用中文进行交互**

Midjourney和Stable Diffusion需要用户输入英文提示词，对于很多非英语母语的用户而言，这事实上形成了较高门槛。

但DALL·E3的出现，彻底打破了这一束缚。它可以直接使用中文输入，这意味着，不论您想要画出一个“夏日的草原”还是“冬日的暖阳”，只需用您熟悉的语言简单描述，就能够为您完美呈现，如图4-3所示。

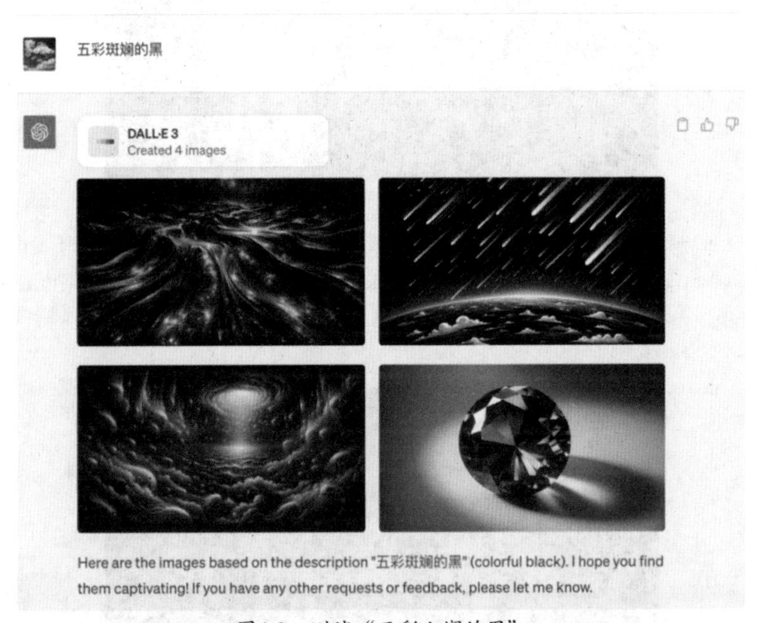

图4-3　测试“五彩斑斓的黑”

这一改变，无疑将创作者的门槛大幅降低。过去，曾有多少天才的创意受困于语言表达？如今得以全面释放。曾经被隔绝在创意海洋之外的英语困难户，如今被DALL·E3架起了一座桥梁，自由畅快地在AIGC海洋中遨游。

2. **优势二：配合GPT的认知和推理能力**

GPT的横空出现，对世界最大的改变是交互方式。在GPT以前，人类被移动互联网时代所培养的习惯驯化——我们使用任何App都是通过一次次的点击来完成具体操作。以电商购物为例，打开App、选择商品、确认商品、确认地址，最后完成付款。

GPT出现后，人类和App的交互方式变成了自然语言。以外卖场景为例，无论是美团还是饿了么，我们都需要点击多次才能完成下单，虽然这两款App本身已经做得非常优秀。但我们是否可以通过“对话”的方式完成下单呢？相信在不遥远的未来就会实现，可以预见，这个速度一定比我们预期的要快得多。

DALL·E3结合了ChatGPT的强大推理和认知能力，给绘画作品带来了更多惊喜。在人工智能领域，理解语言的细微差异向来是一个巨大的挑战，但DALL·E3似乎借助GPT的帮助成功跨越了这一门槛。

这样的能力，无疑让人叹为观止。您可以向它描述“微风轻抚”的场景，也可以描述“风急雨狂”的画面，它都能够为您展现出那种准确到令人发指的画面。这就像是我们拥有了一个无所不能的“艺术家”，无论您的想法有多么奇特、多么细腻，它都能够捕捉到。

测试提示词：路边摊位，一位有着金色长发穿着天鹅绒斗篷的年轻女子，正在和脾气暴躁的老板讨价还价。

提示词中要求的“脾气暴躁老板”和看起来不太开心的年轻女子跃然图中，如图4-4所示。

图4-4　DALL·E 3生成结果

因为Midjourney下必须使用英文提示词，本次测试对应提示词：Oil painting of a market scene where a blonde-haired young woman clad in a velvet cape is in a heated discussion over prices with a grumpy stallholder。即一幅市场场景的油画，一位穿着天鹅绒斗篷的金发年轻女子正在和一个脾气暴躁的老板激烈讨论价格，如图4-5所示。

图4-5　Midjourney生成结果

鉴于首次测试结果并不理想，为了试图让Midjourney接近我们原本设想的“脾气暴躁的老板”，可以通过反复强调某个提示词，让Midjourney意识到“这是我们想要的”，调整后的提示词：Oil painting of a market scene where a blonde-haired young woman clad in a velvet cape is in a heated discussion over prices with a grumpy stallholder, grumpy stallholder, grumpy stallholder stallholder, grumpy stallholder, grumpy stallholder stallholder, grumpy stallholder, grumpy stallholder。其中“grumpy stallholder”重复七次，生成结果如图4-6所示。

图4-6　Midjourney生成结果

通过上述测试，可以表明DALL·E3对提示词中希望表达的画面细节理解和呈现都比较完美。但Midjourney通过多次调整及生成，均未能快速呈现出令人满意的作品。

4.2.2　DALL · E 3 的现存短板

虽然DALL·E 3有着强大的提示词细节理解及呈现能力，但在测试过程中依然发现其有两大短板。

1. 短板一：生成图片品质尚不及Midjourney

参见上一节的测试，虽然Midjourney未能完美呈现出“脾气暴躁的老板”，但单就画面精细程度而言，明显胜过DALL·E 3。

2. 短板二：图片训练数据有待提升

在测试过程中，DALL·E 3也会偶尔搞出笑话，如图4-7所示。

图4-7　DALL·E 3生成结果

提示词：油画，达·芬奇风格的背景，一个非洲少女身着光辉的未来时代服装，她的眼中闪烁着对未来的好奇。

基于这个偶然发现的Bug，继续进行尝试：进行画种+艺术家名字测试，这是Midjourney中最常见的用法。本次测试提示词：masterpiece（大师杰作），Oil painting by Da Vinci（达·芬奇油画），Mona Lisa set against a cyberpunk future city（蒙娜丽莎以赛博朋克未来城市为背景）。蒙娜丽莎原作样式如图4-8所示。

通过测试，可以明显发现DALL·E 3虽然很“还原原著”，但最终画面构图令人不甚满意，如图4-9所示。而Midjourney虽然画面内容较为华美，可能出于版权考虑，对女主角面部特征做了修改，如图4-10所示。

后经多次绘画生成测试，虽然未能发现其他明显Bug，但发现DALL·E 3对“非洲少女”的理解可能“不够彻底”。提示词：油画，达·芬奇的艺术手法，展现一个非洲少女在古典背景前，她穿着璀璨的未来时装，对未来充满憧憬，如图4-11所示。

图4-8　蒙娜丽莎原作样式

图4-9　DALL·E 3生成结果

图4-10　Midjourney生成结果

图4-11　DALL·E 3生成结果

通过几次出图测试，可以较为明显地看到DALL·E 3依然和Midjourney有着一定差距。但如果以DALL·E3的进化速度来看，这种成长算是突飞猛进了。

需要特别说明的是，AI绘画工具的迭代速度非常快，诚挚邀请各位读者阅读到本章时再次使用同样的提示词，看看彼时的DALL·E3是否有了令人惊喜的进步。

4.3 终篇评测——本书三大绘画工具详尽分析

本书对目前三大主流AI绘画工具Midjourney、Stable Diffuison和DALL.E3分别进行了讲解和示范，极简版评测结果如图4-12所示。

		Midjourney	Stable Diffusion	DALL·E 3
硬件要求	设备	计算机/平板/手机	计算机	计算机/平板/手机
	配置	能打开网页的浏览器即可	建议8GB以上显卡内存 配置不满足可以使用云主机	能打开网页的浏览器即可
	使用门槛	■	■■■■	■
软件要求	平台	基于discord软件	本地软件	基于ChatGPT-4
	学习难度	■■	■■■	■■
前期准备	第一步	网页打开discord/ 下载discord客户端	下载秋叶整合包 （新手向强烈推荐）	注册谷歌邮箱
	第二步	注册discord账户	打开软件点击启用即可使用	进入OpenAI官网
	第三步	进入Midjourney官方服务器		注册chatgpt账号
前置知识储备		■■	■■■	■■
收费标准		10/30/60/120美元每月 年付有优惠	免费	仅限ChatGPT付费用户 20美元每月
功能	画面结构控制	★★★	★★★★★	★★★★
	风格控制	★★★	★★★★★	★★★
	画面内容控制	★★	★★★★★	★★★★
	文字控制画面	★★	★★★	★★★★
	功能丰富程度	★★	★★★★★	★★★
	可使用模型数量	★★	★★★★★	★★
其他	是否开源	+	✓	+
	能否自行开发迭代	+	✓	+
	内容限制	严格的限制	无限制	非常严格的限制
	版权	付费用户拥有版权	使用模型前需阅读作者许可证和使用条款	用户拥有版权 （自带敏感内容检测限制）

图4-12　三大主流AI绘画工具：Midjourney、Stable Diffuison和DALL·E 3测评

Midjourney上手难度低，可同时满足新手和设计从业人员。

Stable Diffuison上手难度较高，主要面对设计领域从业人员及计算机专业人士。

截至本书成稿，DALL·E 3虽然部分作品已表达出较高的创作水准，但与另外两款软件仍有一定差距。现阶段DALL·E 3用来做AIGC启蒙或单纯作为提示词练习，是很不错的选择。

第5章 AIGC商业逻辑探秘

AIGC带来的创意引爆，商业公司是如何看待并运用的？AI为各行业带来了哪些变化和机遇？本章将逐一展开论述。

5.1 前沿商业公司如何看待AIGC工具

身处AIGC时代浪尖，我们有幸见证人类历史上又一次科技爆发。在此之前，分别是蒸汽机、电力和互联网（以及移动互联网）的时代。

这是一个充满机遇的时代，人工智能生成内容（AIGC）技术成为推动无数产业变革和升级的核心。这个时代同样充满变数，技术的迅速发展让一些处于职业生涯中段的从业者可能会感到一丝迷茫。

然而，每次技术跃进都是重新审视自我和职业发展的良机。在这个充满挑战与机遇的新时代，终身学习和适应变化成为每个人共同的课题。

诚然，人工智能给予我们的，不仅仅是单纯的“工作效率提升”，同时也在深刻改变着工作的本质和形态。在很多人心中，那个由机器替代人类的日子，似乎呈现加速到来的趋势；那些高度创造性、曾原本被认为只有人类才能胜任的工作——设计师、文案、策划等岗位，在AI的力量面前，似乎不再引以为傲。

AIGC的浪潮滚滚袭来，“幸存岗位”的人类在慌乱中尝试向更高的山峰攀爬，希望碳基生命的速度可以快过AI成长，如图5-1所示。

图5-1　AIGC浪潮（由DALL·E 3生成）

这个时代最大的课题：人类是否因为AI的进步而失业？

纵观人类文明的发展和进步，每一次技术革命的发生，都会带来社会变迁和财富洗牌。

当汽车普及之日到来时，马车夫和马掌匠们被历史的车轮无情碾过……

今天，我们所见到的各类职业的颠覆与重塑，是因为AI的兴起而导致的吗？答案或许并非黑白分明。

近几年互联网行业从高歌猛进到回归理性的转变，折射出整个行业增长已到达瓶颈。高速增长背后隐含的是，任何行业都不可能永无止境地增长。当各类APP不能继续不计成本地补贴客户，当我们身边的中老年人都早已熟练使用智能手机，当用户的有限注意力和在线时间已高度集中于某几款APP……我们再掀起AI这个盖子，不禁要问：既然AI技术这么发达了，这些行业是否可以继续高速增长？

答案显而易见是否定的——任何有机生命体或者组织机构，都是有成长上限的。如今互联网公司的增长已触及天花板，例如先通过补贴策略快速占领市场，随后开启收费的模式，现在必须面对市场饱和带来的挑战。这就要求互联网企业必须寻找新的增长点，例如通过创新产品、优化服务质量或者探索新的商业模式来适应这个成熟且竞争激烈的市场。

在这波潮流中，AI的角色真的是“职业杀手”吗？我们可以再深入探讨一些。AI的逻辑、思考模式和运行机制，都需要人类进行引导和优化。在这方面，市场对于那些能够驾驭AI，将其应用到实际工作中的从业者，依然保持着极大的需求。实际上，AI的推广使用，反而在一定程度上扩大了这一领域的就业机会。

当时代的车轮滚滚碾过，马车夫和马掌匠们确实惨遭淘汰，正所谓“时代的一粒灰，却成了他们头上的一座山”，但整个汽车工业的崛起，又带动了多少周边产业的崛起？又需要多少配套工作岗位？

肉身马儿终将无法匹敌钢铁之躯的汽车，也许是汽车工业为了致敬（其实是为了方便早期用户理解汽车的动力），动力单位采用“马力”——即“一匹马的力量”。

但掌握了汽车产业相关技能的从业者，真真切切地享受了科技爆发带来的红利。

技术始终是人类社会进步的一个工具与手段，如图5-2所示。AI能够做到的，是将人类最为珍贵的精力从烦琐、重复的劳动中解放出来，继而探索更多可能。所以，AI并不是万能的，而是需要我们用更加智慧的方式去引导它，探索它，让它成为推动社会向前发展的一股正能量。

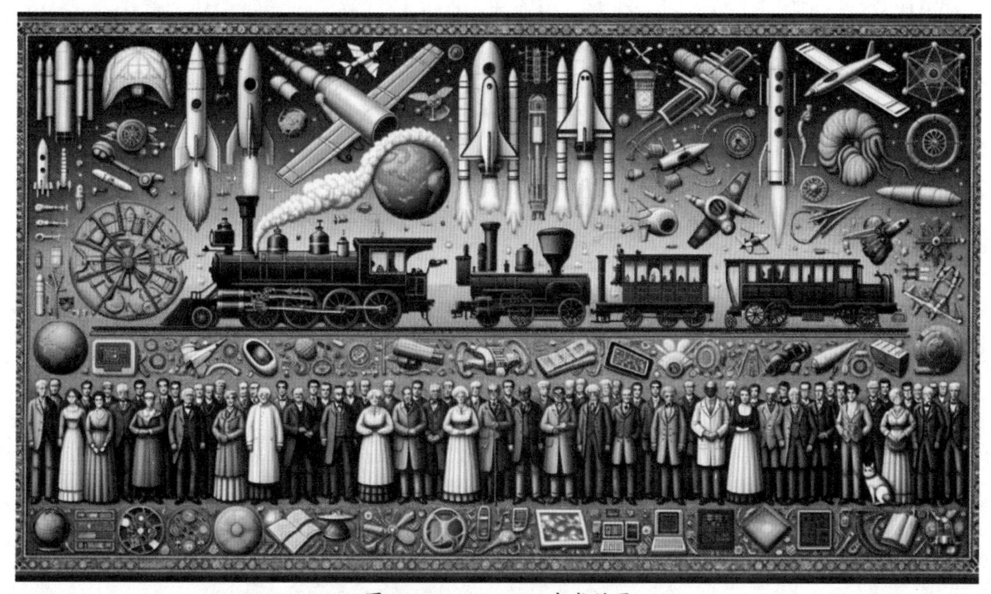

图5-2　DALL·E 3生成结果

在这个矛盾和复杂交织的时代，我们更需要一个平衡视角：看到技术变革的发生，不要直接否定和抗拒，而是需要理解它的本质；同时也要有足够的勇气和智慧面对未来职场，在汽车工业刚刚崛起时，最具经验的马车老师傅们也需要重新学习。

AIGC时代下，世间一切所见，终将被重新塑造。在此过程中，我们不仅仅是观察者，更是参与者和创造者，与AI一同成长、学习并推进这个时代的前行。

这或许是我们在AI时代所应有的正确心态。

没有AI工具的时代，某个项目需要投入3个设计师工作1个月；现在有了AI工具，让3个设计师全部使用AI工具，将他们分别投入到3个不同的项目中去，并行推进，能够提升公司产能。

那些真正理解AIGC本质的前沿公司，见识到AI技术带来的效能革命后，第一反应不是“节流”，而是立马让公司全体职员全面拥抱AI技术，进而全面提效。这个道理其实很简单：AI加持下，同等资源投入可以创造更高收益，理性的经营者此刻没有理由降低收益。

5.2 科技复兴，文艺复古——AI 绘画的独特魅力

细细品味那些被AIGC洗礼过的“传统工作”，我们会惊喜地发现：一种尚未充分挖掘的潜力已开始悄然成长。AI带来的不仅仅是“产量”层面的飞跃，更是对原有“传统工作流程”的全面升级和重塑。

5.2.1 AI带来的变化

在这场AI技术盛宴中，那些真正拥抱AIGC技术的公司已率先改造其原有工作流，这并非意味着单纯的技术引入，而是一场根植于公司文化的深刻变革。在这一路径上，企业需要的不仅仅是改变，更是一次颠覆性的再造——在哲学的维度上重新解读“创新”与“效能”的含义，并在实践中将其内化为公司的全新DNA。

以文字创作者为例，生成式人工智能演绎着一幕幕独特而引人深思的戏码，让创作者的身份不再飘摇，不再“卑微”，而是得以真正实现放飞。AI不仅仅是静默的后盾，更是一种前所未有的创造力推手。通过自然语言的驱动，机器化身为一位坚韧不拔的“艺术家”——它不知疲倦地为创作者生成创意，循环往复，直至最终沉淀下令人满意的答案为止。

试想，创作者不用再担心自己绞尽脑汁地给领导、客户或需求方提供的心血被对方轻易否决，而是云淡风轻地表示：“这里有几个方案，请选一个吧。”

如图5-3所示，虚构一个品牌“普特蓝”，在整个“工作”过程中，创作者的身份变得愈加稳固与显赫。得益于生成式AI的帮助，他们在创意的土地上自由翱翔。AI工具好似一位无时不在的博学之士，默默地在背后支撑着创意者的飞行。这场人与机器的协同创作，正书写着一个个绚丽多彩的未来故事。

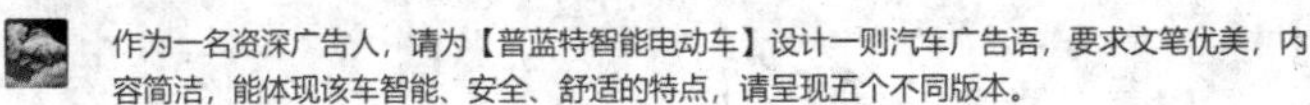

图5-3　ChatGPT生成结果

当人类正式走进由AIGC架构起的新世界时，那些曾经看似遥不可及的创意，终将触手可及。在人类与机器分工协作的未来，我们能看到的，是一个在创意与技术交织中不断前行的时代画卷。

5.2.2 AI带来的机遇

数字化进程日益加速的时代，生成式人工智能似乎正在成为一把双刃剑，既带来了便利，也带来了风险。借用刘慈欣老师在《三体》中的观点，人类要做出怎样的选择？这不仅是一场科技变革，更是关乎人类文明未来走向的关键抉择。

探寻“玄机”的人类，面临怎样的抉择？图5-4所示是Midjourney所理解的探寻。

我们再次回顾《三体》原著中的三种观点的含义，并探讨深层内涵。

第一种，刘慈欣老师在《三体》中称为“降临派”的一类人，我更愿意称之为“躺平派”，这类人看似颓废，却表达了一种关于未来的乐观主义。他们的核心观点在于，既然生成式AI能够解决生活工作中的诸多问题，甚至在很多领域早已超越人类的认知与创造力，那我们为何还要努力？为什么还要在这个已经可以由机器代劳的世界中辛勤耕耘？

既然AI可以帮我赚钱，我干脆躺平等着收钱就好啦，还努力工作干吗？更不需要学习了，因为AI早已无所不能。

诚然，站在乐观者角度看，这样的未来或许意味着人类可以开始更加深入地探讨我们存在的价值，而不再纠结于生存的手段。但是，这样的观点是否太过于消极，过早放弃作为人类原本就应享有的主动权呢？这是值得我们深思的。

第二种，在《三体》原著中称为“拯救派”的一类人，我称之为“谨慎派”，他们认为：一方面欣赏AI给予人类的创意，但同时也散发着浓浓的忧虑——他们深知科技的力量，意识到其中蕴含的危险，担心一旦AI超越了人类的控制能力，可能带来不可估量的后果。这种时刻保持怀疑的态度，实际上体现了人类自我保

图5-4　本创意由Midjourney生成

护的本能。也许，在前行的道路上，我们确实需要更多的审慎与思考，以防止电影《终结者》和《黑客帝国》的悲剧在现实世界上演。

第三种，是《三体》中的“幸存派”，我在这里称之为“末日派”，这些人认定AI不可避免地会走上对人类的统治之路，他们相信未来的场景将充满了对抗与争斗。在他们眼中，众多经典科幻电影已经成为教科书一般的预演。这一派的观点颇有些极端，但好在目前持此类观点的读者不会太多，更多人愿意相信未来是美好的。

终究，我们在探讨这些观点时，回到了共同的出发点：生成式人工智能到底能走多远？AI技术未来发展轨迹由谁定义？如何定义？

作为一本AIGC案例集，本书并非想要深挖上述问题的答案，而是希望读者可以更加客观、清晰地理解AIGC技术，而不是被未知所惧。实际上，即便是现在，人工智能仍在学习中，它的发展仍然有赖于人类的智慧与引导。

让我们将视野拉回到当下，我们需要思考的课题是“生成式人工智能会带来哪些挑战以及如何应对”，虽然我们无法准确预言生成式人工智能的未来，但中国古人的智慧直到今天依然可以继续启发我们探寻答案，《旧唐书·魏徵传》云：“以史为镜，可以知兴替；以人为镜，可以明得失。”如图5-5所示。

图5-5　本创意由Midjourney生成

回看移动互联网行业变迁，让我们穿越回当时的新技术诞生点，彼时是否可以作为学习的"镜子"？2007年苹果发布iOS操作系统，2008年谷歌发布Android操作系统的时代，放眼全球范围内鲜有程序员会使用对应开发工具完成APP开发。

呈现在我们眼前的不仅是一场技术革命，更是一次巨大的社会和产业结构变迁。任何"改变世界"的伟大发明在它年幼时期无一例外地都表现为"平平无奇"，即便是乔布斯在2007年通过发布会向人类世界展示第一部iPhone的瞬间，除去现场的掌声和欢呼声外，距离真正改变世界的移动浪潮还需积蓄3年（本书认为2010年是移动互联网元年）。

然而，智者总能在寂静中捕捉到"未来已来"的信号。苹果首次发布iPhone及App Store后，全球首批最为敏锐的开发者就已完成集结，他们深谙在这即将到来的风暴中，只有迅速掌握了新工具和新语言的人，才有资格在新世界开疆拓土。

任何新技术的出现，率先掌握相关技能的从业者都能吃到时代的红利。

智能手机迅速普及，APP程序员薪资水涨船高。

"软件即服务（SaaS）"概念兴起，相关赛道求职者薪资出现明显溢价。

已经到来的AIGC时代，任何沾上"机器学习""自然语言处理""大数据"等技能相关的岗位，已然和其他行业不是一个物种。

这一幕在人类历史的舞台上反复上演：每一次技术的飞跃都带来了社会结构的变化和收入方式重新分配。它将某些行业送入历史的长河，却也为新生力量腾出了空间。就像马车夫和马掌匠渐渐淡出我们的视线，但在汽车的轰鸣中，我们看到了新工种的诞生——汽车制造工人、修理工、设计师。这些新兴职业带来了新的社会形态、新的工作方式、新的价值创造。

因此，当我们站在生成式人工智能的门槛上，面对未知的挑战和机遇时，我们是否可以借鉴历史的经验，将那些消逝的职业和兴起的产业作为一面镜子，从中洞察新科技背后隐藏的力量和方向？

我们能否在新时代到来之际，快速找到新角色、新定位，并且不断地调整和学习，寻找到最符合自身的发展路径？

历史的趋势，总是在那些看似微不足道的细节中悄悄地改变世界。

在科技快速演进的时代，保持敏感的嗅觉，拥抱变化，持续学习和迭代，也许是我们每一个人都必须掌握的生存之道。

5.3 AI 绘画，与 AI 对话——人机结合

AI绘画用户可大致分为三类：第一类是AIGC好奇者；第二类是提示词收集爱好者；第三类是提示词设计师。

5.3.1 探寻表达自由的真谛

1. **AI绘画众生相**

第一类：AIGC好奇者。

这类用户通常没有专业的设计背景，也非设计及视觉行业从业者，但他们对新技术、新思维的渴望让他们与众不同。他们敢于尝试、勇于探索，尽管可能只是单纯地为了满足那颗对未知的好奇心。他们或许不会深入研究每一个功能、每一组提示词的细节，但他们会在使用过程中找到乐趣，并分享给身边的人。

第二类：提示词收集爱好者。

这类用户中多数人的工作是视觉传达或设计相关，亦或是对"分类收纳"有着强烈偏执的AIGC好奇者。他们的观察是细致入微的，对每一个提示词都能深入钻研，都要亲自尝试出图效果。在他们眼中，AI绘画的魅力并不仅仅在于画面的美观，更多的是在于如何用精确、有深度的提示词去引爆AI的创意火花。他们对提示词的喜好，是一种对艺术与科技结合的热爱。他们认为，提示词不仅仅是工具，更是沟通与AI的桥梁，是指引AI走向美丽的灵魂。

第三类：提示词设计师。

他们是真正的视觉及设计行业从业者，但同时也是科技爱好者。他们不满足于传统的设计工具，希望持续追求更高效、更具创意的方式表达自己。他们精通各种绘图软件，如Photoshop和Illustrator，能够轻松应对各种设计挑战。

对于他们来说，提示词不仅仅是指令，更是创意源泉。日常工作中，他们会根据具体需要，巧妙地组合提示词，并将其融入自己所擅长的绘图软件中，创造出独一无二的杰出作品。而AI绘画工具，满足了他们对于新鲜创意的需求；各种绘图工具的加入，又使得他们的设计更具深度，如图5-6所示。

图5-6 未来想象中的提示词工程师（Midjourney）

当我们谈论AI绘画时，我们不仅仅是在谈论一种技术，更是在谈论一种文化、一种思维方式。它正改变着我们的创作习惯，影响着我们的审美观点。在这个时代，我们每个人都有可能成为艺术家，因为我们手中握有的是连接现实与梦想的桥梁。

2. 描述世界，创造美好

在AIGC技术尚未流行的时代，人们似乎已经逐渐习惯了“极简”的表达方式，人类总能“恰到好处”地找到最能表达语气的极简字词来表达情绪。

例如，当我们面对一件超出预期而导致愤怒的事情，或是被生活中的一点小事所触痛，我们的大脑会自动筛选出那几个最能触动人心的字眼。再如，当我们面对一件设计绝美而引发赞叹的工艺品时，或是那温馨的瞬间打动了我们，嘴角上扬的笑或沉默的凝视，都可以用那极简的几个词来形容。

然而，正是这样的“极简”，使现代人进入表达困境。即便是经过大学教育的普通人，似乎也开始忘却了那些曾经丰富而细腻的词汇。他们用简单的、重复的词句来描述所有的情感和体验，致使语言变得单调和刻板。那些美妙的辞藻、诗意的句子，如今都被埋没在时间的尘埃里。

无论是国外的DALL·E、Midjourney和Stable Diffusion等英文提示词绘画工具，还是国内的文心一阁（百度）、通义千问（阿里）等中文提示词工具，“词汇量”的丰富程度才是决定AI绘画上限的天花板。想象一下，当AI试图为我们绘制一个场景，如果它只知道“树”和“花”，那么它大概率无法精确绘制出一片桃花树下的春日午后，在一片桃林深处，有三位青年男子正在热烈讨论着什么的场景。

并非AIGC技术限制了创作边界，而是提示词汇量开始成为新的“创作边界”。

在后面的章节中，本书将分别针对“收敛型”写法和“释放型”写法展开叙述。

图5-7完整提示词：black shetland sheep（黑色喜乐蒂牧羊犬）。

图5-8完整提示词：night camping scene（夜间露营场景），HD wallpaper（高清壁纸），black Shetland Sheepdog（黑色喜乐蒂），photorealistic style（照片写实风格），detailed rendering（细节渲染），China tourism（中国旅游），smoky background（烟雾背景），National Geographic photography（国家地理图片），real-life depiction（现实生活描绘），outdoor adventure（户外探险），natural landscape（自然景观），starry sky（星空），campfire ambiance（篝火氛围）。

从两个例子的比对中可以看到，词汇量决定了画面内容的丰富程度。

图5-7 Midjourney简要提示词：black shetland sheep

图5-8 Midjourney复杂提示词：星空下露营的喜乐蒂

语言学家发现了一个有趣的事实：

学会英语中最常用的1000个单词，就能理解任何一篇规范文字80.5%的内容。

学会英语中常用的2000个单词，就能理解89%左右的内容。

学会英语中常用的3000个单词，就能理解93%的内容。

学会英语中常用的5000个单词，就能理解97%左右的内容。

同样，中文也有着独特的简约之美。语言研究学者发现，老舍先生的《骆驼祥子》全书共十万字左右，只用了两千多个不同的单字。鲁迅先生的《呐喊》总计六万余字，但其中不同单字也只有三千左右。

这说明，无论中文还是英文，精练的词汇足以构建深沉且丰富的语言含义。

穿梭在人类历史长河中，那些古老且深具影响力的文献，其实同样受限于词汇数量。例如，拉丁语《圣经》使用了5469个单词；希伯来语《圣经》使用了5642个单词；古希腊《奥德赛》使用了5300个单词……

这说明，无论何时何地，人类历史上的语言大师都懂得如何使用有限的词汇来表达无尽的情感和智慧。

当人类没有进入AIGC时代时，词汇量的“厚度”（对垂直领域知识的掌握程度）和“广度”（对多个跨学科领域知识的掌握程度）并不妨碍我们理解世界。但如今，这个认知必须被打破并重塑。

AIGC时代，每个提示词的背后都映射着一张图像或是一个知识点。AIGC时代不仅仅要求我们有丰富的词汇量，更要求我们有独特的想象力和创造力，去和机器协同创作，发掘无限可能。只有深化对语言的理解，才能真正地挖掘出AIGC的潜能，开启人类与机器共同创作的全新篇章。

为什么说词汇的重要性在AIGC时代被提升到了前所未有的高度，接下来举几个例子。

在英文语境下，单词hotdog非常容易理解，就是一种被叫作“热狗”的面包。同样一个单词，在AI绘画工具（本测试使用Midjourney）中却可以发生有趣的场景。

第一次测试，输入提示词hotdog，正如我们所期待的那样——秀色可餐的热狗映入眼帘，如

图5-9所示。

图5-9　提示词：hotdog

第二次测试，输入提示词“hot dog”，一个空格的加入，开始让画面产生了奇妙的变化，一只dog开始出现在“hot dog”的画面中，如图5-10所示。

图5-10　提示词：hot dog

在开始第三次“hot dog”测试前，先讲述这个测试的目的，正如前面所讲述的观点——对词汇的厚度和真正的体感，决定了AI绘画的最终成就高度。作为一名AIGC时代的设计师，必须亲自测试过足够多的提示词，才能对提示词使用过程中的细节有所感悟。

通过前面两次测试，说明提示词hotdog和hot dog所得到图案并不完全一致，原因很简单：作为指令发出者的人类，并没有清晰地告诉AI，我们需要它呈现的是“热狗面包”还是“热狗和面包”，或者是“一只感受到炎热的狗狗”。

第三次测试，我们的提示词主体依然是hotdog，但输入给AI的形式变成了“hot：：dog”，如图5-11所示，可以看到图片发生了明显变化：先前的面包消失了，出现了真正意义上的狗狗以及AI所理解的hot。

图5-11　提示词：hot：：dog

通过上面的测试，我们发现AI对于提示词的理解和生成有着自己独特的逻辑和魅力。接下来，我们把这个例子再向前推一步，测试“Red hot dog house”，究竟是火红色的狗狗房子，还是红色的热狗屋？

首先，输入“Red hot dog house”，我们得到以下结果——火红色的热狗屋（餐厅），如图5-12所示。

图5-12　提示词：Red hot dog house

接下来测试“Redhot doghouse”，注意细节差异，我们将Red和hot组合在一起，再将dog和house组合在一起，接着将两个组合后的单词使用空格分隔，最终得到了图5-13所示的画面。

图5-13 提示词：Redhot doghouse

我们可以看到，已经有狗的要素出现在画面中。通过以上测试可以看出，提示词是AI绘画的关键技能，而这项技能仅仅通过“采集”是不够的，很多词汇中蕴含的奥秘，需要创作者亲历其中，才能发现奥妙所在。

5.3.2 从想象到图像，从智能到人工

上一节我们展示了同一组提示词，因排列组合的不同而产生了不同的结果，若有读者提出问题：如果我把各种提示词都测试一遍呢？或者有专门的提示词图鉴网站，可以为我呈现各种提示词及其组合后的图片结果，我是不是只通过提示词，就能得到我所需要的设计结果呢？

不过，这个方法截至目前还行不通。因为生成式人工智能工具，其核心在于“生成式”，在创作（生成）的过程中，有着巨大的随机性。

正是因为随机性的存在，那些熟练掌握“传统后期工具”，且精通提示词的从业者，将会绽放出巨大的价值。这是因为，单靠AI生成式绘画并不能确保达到完美的效果，还需要人的主观审美和判断，并使用更多不同类型的工具去修正、完善。正如本书贯穿始终的观点：人工智能仍然只是一个工具，真正的创作者，是那些能够熟练使用全链路工具的人。

提示词只是AI工具的入口，真正决定绘画成果的，除了算法本身，更多的是创作者对整个创作过程的把控。

所以，尽管我们在技术层面持续进步，但技术只能助您走得更快，不能决定走的方向。真正的创作力量，始终源于人的内心，而非机器。

如图5-14所示，这张海报只使用Midjourney和WPS幻灯片工具即可完成。本图的创意出发点来自鲁本斯的教堂壁画（fresco masterpiece by rubens）、荣耀大厅（hall of glory）、伦勃朗油画风格的踢球男子（masterpiece by Rembrandt，oil painting，man playing soccer）。

图5-14　创意海报

本书始终倡导，不要过于迷恋AIGC技术，而是要真正培养自己的艺术审美和创作技巧。如果创作者压根不知道伦勃朗和鲁本斯，也不了解教堂壁画及油画相关知识，是无法快速完成这类创意的。

AIGC时代不仅仅要求我们有丰富的词汇，更要求我们有独特的想象力和创造力，去和机器协同创作，发掘无限可能。只有深化对语言的理解，才能真正地挖掘出AIGC的潜能，开启人类与机器共同创作的全新篇章。

5.4　随机性和可控性——AIGC的“核心矛盾”

使用AI工具创作过程中，天平会不可避免地摇摆于“可控性”和“随机性”之间，创作者如何利用这一特性？

5.4.1　来自“随机”的启迪

当渺小的人类仰望浩瀚星空，不禁会对天马行空的星辰、深邃莫测的海洋、漫山遍野的绿意感到惊叹：每一处似乎都隐藏着无穷的秘密，每朵花、每片叶，都是独一无二的随机之作。

生命的美妙，恰恰体现于多样性和不可预测的魅力。当您漫步葡萄园，尝试寻找两颗完全相同的葡萄，您会发现，这是一个几乎不可能完成的任务。每颗葡萄都有它特有的印记：或是光滑如玉的皮肤，或是带有大小不一的斑点，如同大自然为它们涂上了独特的纹路。

同样，我们也无法找到两片完全相同的树叶。它们在风中摇曳，每片叶子的形状、纹路和颜色都是大自然的独创。再看看河边的碎石，无论是圆润的卵石，还是边缘锐利的岩片，每一块都有它独特的形状和纹理。

如图5-15所示，AI也有随机性，在AI的世界中，即便是同样一组提示词，也没有两张图片是完全一致的。

创作者向AI提供输入时，它所给予我们的输出是如此的丰富和多变，以至于有时会得到令人意想不到的惊喜。一个输入与另一个输入的结合，有时会产生完全不同的第三种效果。

这就是AIGC中智能涌现的魅力，即使我们可能无法完全理解其背后的复杂逻辑，这种不可预测性和创造性也让AI在艺术和创作上的潜力无限。

提示：AIGC的“智能涌现”，就像是一堆简单的儿童积木，虽然单个积木看起来普通，功能有限，但这些积木以特定方式拼接时，就能构建出宏伟的城堡或复杂的机器。同样，许多基础程序或算法组合在一起时，它们就能创造出全新的、更加复杂的智能形式。能解决问题、学习新知，甚至尝试模拟人类式的思考，这一切都源自许多看似小巧而简单的算法组合。

图5-15 同组提示词生成的不同画面

事实上，AI的随机性已经成为推动AIGC创作者前进的核心动力。要想让人类创意取得更大突破，制造更多意外和惊喜，必须更加深入地利用AIGC的随机性。

接下来本书将罗列若干示例来证明：AI绘画的随机性是给予我们灵感和创意的源泉。

Midjourney中特意为创作者隐藏了“功能彩蛋”——创作者可以自己定义“随机参数”来获得不同的作品，以获取更多灵感。

输入提示词：a circle --stylize 500，得到的4张作品如图5-16所示。stylize（风格化）参数的取值范围为0～1000，该参数会影响风格化的强度。低的风格化值会产生与提示词非常相近但不太艺术的图像，高风格化值则会创建非常艺术但与提示词联系较少的图像。

图5-16 提示词：a circle --stylize 500

输入提示词：a circle --stylize 800，得到的4张作品如图5-17所示，可以发现，stylize值越大，风格化越强烈，即AI带来的随机性越大，可以给创作者更多灵感。

图5-17　提示词：a circle --stylize 800

类似的随机性惊喜还有一个参数：chaos（混沌参数，“混沌”为一种缺乏秩序和可预测性的状态），在Midjourney创作时，混沌参数取值范围为0～100。

测试1：a circle --chaos 25，如图5-18所示。

图5-18　测试1：a circle --chaos 25

测试2：a circle --chaos 75，如图5-19所示。

图5-19　测试2：a circle --chaos 75

测试3：a circle --chaos 100，如图5-20所示。

图5-20　测试3：a circle --chaos 100

AI的随机性，意味着更多的惊喜和想象力，将AI工具化为我们创作的源泉。

5.4.2 收敛与释放

AI绘画的随机性或许会让读者产生质疑："如果AI生成的内容总是这么随机，我为什么要学习和使用一个无法掌控的不稳定工具？"这种质疑的存在是合理且必要的，工作输出物持续保持稳定性——既是对创作者输出物的必需要求，更是商业公司保持正常运营的基本要求。

AIGC技术日渐成熟的背景下，随机性已不再是无法避免的问题。特别是Stable Diffusion工具，生成式AI的随机性已被控制在相对微小的范围内。上一章我们以Midjourney作为示例，展现了其随机的一面，但这并不代表该工具处于完全失控的"随机态"。事实上，Midjourney这种充满自由度的工具，既可以"放飞"，也可以"束缚"，它能在自由与规则之间寻找一个恰到好处的平衡。

如何让AI的随机性既能为我们带来创意的火花，又不至于使我们的作品"走火入魔"？就是本节要探讨的内容。

1. 收敛型写法

生成式AI依赖于人类下达的指令，也就是我们所说的提示词，继而完成相应创作。

想象一下，当我们给它一条明确指示，它就化身为匠心独具的"艺术家"，我们给它的指示信息越细致，它打造的画作也就愈发接近我们心中的模样。

回到现实生活场景：当我们走进一家餐厅，厨师一定无法接受"给我做一顿好吃的"这类需求；同理，当我们通过AI工具进行创作时，最好不要和它说"请给我画一幅好看的画"。其实AI真的会执行"请给我画一幅好看的画"这条指令，但是会比较随机。

说到具体操作，不论您选择的是Midjourney，还是Stable Diffusion，其核心原理都可以使用这个神奇公式：艺术形式 by 艺术家+主体描述+光线效果+色彩风格+视角角度+画幅规格+应用模型+随机参数，这个公式像一把万能钥匙，打开生成艺术的大门。

当然，在使用Stable Diffusion时需要提前选择本次出图所用模型，而Midjourney中需要定义本次调用什么模型（如果不填写，即使用默认模型，其实在绝大多数Midjourney图片生成过程中，都无须刻意强调此参数）。

我们所做的，就是尽量简化这看似复杂的过程，将这些参数化的元素归类、明确，让AI绘图过程不再是一个未知的神秘领域，而是有章可循的艺术创作。那些充满随机性、灵动的火花，并不是从天而降的惊喜，而是经过我们精心构思、精准指引下的必然产物。

这就是现代科技与传统艺术交织的魅力，一个既具有科学严谨，又充满艺术灵感的全新创作方式。

举例1，油画写真：钢琴师和她的宠物们，如图5-21所示。

图5-21 油画写真：钢琴师和她的宠物们

详尽提示词：Masterpiece of oil painting（油画代表作），Francois Boursnow（弗朗索瓦·布尔诺），Madame de Pompadour playing the piano alone in the forest（蓬帕杜夫人一个人在森林里弹琴），with a group of cute animals nearby（身边有可爱的小动物），Zootopia（疯狂动物城），Alice in Wonderland（爱丽丝梦游仙境），Rococo style（洛可可风格），4K --ar 16:9。

举例2，金发女生，如图5-22所示。

图5-22　金发女生

详尽提示词：A 20 year old woman with long golden hair standing on the street（一个金色长发的20岁女生站在街上），black eyes（黑色眼睛），wearing a white high necked dress（身穿白色高领连衣裙），upper body photo（上身照片），front to face（正对脸），female（女生），anime style（动漫风格），best details（最佳细节），clear quality（清晰品质），smile（微笑）--ar 16:9。

举例3，平安归来的泰坦尼克号，如图5-23所示。

图5-23　平安归来的泰坦尼克号

详尽提示词：film still of Titanic（电影《泰坦尼克号》静帧画面），directed by James Cameron（由詹姆斯.卡麦隆执导），approaching harbor（接近港口），preparing to dock（准备停靠），iconic ship（标志性船只），cheering crowd（欢呼人群），vintage attire（复古服装），1910s（20世纪10年代），majestic（雄伟），grandeur（壮观），ocean liner（大洋航线游轮），Atlantic（大西洋），historic moment（历史性时刻），photorealistic（照片级），detailed（细节），--ar 16:9。

2. 释放型写法

上一节，我们深入探讨通过收敛型提示词驱动Midjourney创作，核心理念即通过尽可能清晰且详尽的提示词，呈现自己的设计需求，为AI提供一个明确、精确的执行路径。我们希望机器能够遵循自己的指引，如同工匠遵循图纸一般，打造出令人期待的作品。

然而，现实生活中并非所有的创作都需要精确到毫厘。于是，本节将介绍“释放型”写法。

想象一下，您站在广阔的沙滩上，海风吹着您的脸庞，大海的波涛声在耳边响起。

释放型提示词，如同海风和波涛声，既无规矩，又充满无限可能。

核心思路：只需使用简短而略带模糊的提示词，让AI的潜力得到最大程度的释放，从中寻找那些出乎意料的、充满魅力的答案。

在“释放型”写法中，有个原则始终不变：自由度并非完全“放任不管”，它更像是给出AI一个大致方向，但仍带有明确目的性。

好比在一个繁忙的餐馆中，我们一定不能随意地对厨师说：“给我来顿好吃的。”这样的请求太过宽泛，会让厨师倍感困惑。而是应该说：“给我来碗面，您看着弄。”这样，厨师就知道了方向，他可能会根据自己的经验和当日的食材，为我们准备一碗出乎意料，但又美味至极的面条。

总之，与AI的交流，如同与人沟通，需要既有明确性，又有一定的空间和自由度。找到这两者之间的平衡，是我们与机器共舞的艺术。

示例1，丙烯画-时空坍塌，如图5-24所示。

图5-24　丙烯画-时空坍塌

详尽提示词：Acrylic painting（丙烯画），by Max Ernst（由马克斯.恩斯特创作），collapse of time（时空坍塌），blend（混合），intertwine（缠绕），gradients（渐变）--ar 16:9

提示：马克斯·恩斯特（1891—1976），20世纪初德国著名画家、雕塑家，超现实主义和达达主义重要代表人物，作品风格独特、富有创意，深受两次世界大战时期的社会背景与个人经历的影响。

示例2，水墨画-时空坍塌，如图5-25所示。

详尽提示词：Watercolor painting（水墨画），by Vincent vanGogh（由文森特·梵高创作），collapse of time（时空坍塌），intersect（贯穿），cover（覆盖），drips（滴落），and splatter（飞溅）--ar 16:9。

提示：文森特·梵高（1853—1890），19世纪末荷兰后印象派画家，以其鲜艳的色彩、粗犷的笔触和深沉的情感而著称。

人文学科与人工智能技术碰撞出的火花，最终成品的美妙，并非源自冗长的描述，而是来源于简短而准确的描述。

为何简短的提示词也能生成好看的图片？

图5-25　水墨画-时空坍塌

正如古人所言“言简意赅”——这些简单的词汇，宛如一块未雕琢的玉石，留给AI充分的空间去揣摩、去理解、去发挥。“释放型”写法的核心，其实是创作者本人引领AI进入自由创作空间，让它为我们描绘未曾设想的世界。

就实际创作体验而言，最终得到的作品常常会超出预期，也欢迎读者多多尝试。

对于刚踏入AIGC领域的新手来说，往往会对“简短”二字产生困惑。可能有人会想：“什么才算简单？”“我是不是写得太短了？”这其实是一个非常好的问题，因为这也是我和本书其他作者在持续摸索AI绘画技术时，持续思考的问题。

简单，其实是个相对概念，没有办法精准地定义数量。

需要积累足够多的提示词“手感”，了解一定数量的艺术家（因为艺术家的名字本身就是一个提示词）——本书在前文中已表达过的观点：应率先完成自己工作领域中常用提示词的出图测试。正如厨艺精湛的厨师一定深谙每一种调料和每一份配菜的用法，作为一名AIGC创作者也是同理。

但我们的工作和生活中总会遇到一些特别紧急的任务，根本不足以给出充足的时间进行详尽的调研和测试，这时候怎么办？答案依然很简单：尽可能让您的提示词简短，且凝练。

下面再给出几组示例，我们将共同见证简短凝练提示词的独特魅力。

示例3，分形艺术，如图5-26所示。

图5-26　分形艺术

详尽提示词：Oil painting（油画），by Claude Monet（克劳德.莫奈），fractal Art（分形艺术），versus（对比），overlay（重叠），sgraffiti（刮痕法-油画绘制手法）--ar 16:9。

提示：莫奈（1840—1926），法国印象派绘画先驱之一，作品以光线和色彩的处理著称，特别关注同一物体在不同时间、季节和天气条件下的视觉变化。

分形艺术是一种基于分形数学和计算机生成的数字艺术形式。分形是一种复杂的结构，每一部分都以某种方式反映整体。分形图形通常具有自相似的性质，这意味着不论放大还是缩小图像的任何部分，您都能看到与整体图像相似的模式。示例3这张图的难点在于，人类不可能徒手完成"分形"的绘制。

示例4，时间静止，如图5-27所示。

图5-27 时间静止

详尽提示词：Oil painting（油画），by Max Ernst（由马克思·恩斯特创作），time stillness（时间静止），parallel（并行），divide（排除），sgraffiti（刮痕法/五彩拉毛陶瓷）--ar 16:9。

提示：马克思·恩斯特（1891—1976），20世纪初最具影响力的德国艺术家之一，活跃于多个艺术领域，包括达达主义和超现实主义。

建议广大读者学会欣赏简短提示词所带来的美感和意外惊喜，因为在这之中，可能蕴藏着未来科技和艺术的无限可能性。

第6章 AIGC“十全十美”案例集

AIGC并非空中楼阁、华而不实的技术炫耀，而是正在化身成为生产力倍增器，融入各行各业的工作流程中。本章我们将一探究竟，深入剖析10个精彩行业案例，共同欣赏智能创造典范。

6.1 “先进企业，就用飞书”——中国首条AIGC广告的诞生

字节跳动旗下的职场赋能产品——飞书，在2023年初就已开始尝试使用AIGC技术来创作其广告宣传片。这次尝试不仅展示了飞书对新兴科技应用的前瞻性，也体现了字节跳动公司（后文简称为“字节”）在创新营销策略上的探索。

6.1.1 项目背景

案例主题：先进企业，就用飞书

by：野神殿社群

飞书是字节在2017年自主研发的内部办公软件，其初衷是保障和支撑内部员工高效工作。后来飞书开始向外部企业和组织开放，用户可通过应用商店或飞书官网下载。近年来，飞书通过与服务企业共创，成功落地众多行业的管理解决方案，从而帮助企业降本增效。

2023年3月22日，在北京举办的“2023春季飞书未来无限大会”上，飞书以“业务未来式”为主题，重点介绍了针对各行业增长提效的业务解决方案，如图6-1所示。

图6-1　2023春季飞书未来无限大会

此次大会意在深入探讨每个行业的数字化赋能及增长之道，为各领域带来更高效的业务解决方案。飞书团队希望通过一条广告片，展示飞书不仅是工具，更是让企业办公效能倍增的“神兵利器”。希望通过这条广告片展现团队间如何通过飞书达成无缝沟通，如何在紧凑的工作中找到灵感和创意。

6.1.2 灵感思路

在社群主创团队的深度讨论中，几位核心创作成员一致认为：飞书不仅仅是满足日常办公需求的软件，更是一款能解决企业痛点的工具。飞书为现代组织提供了更广阔的视野，展现了管理及增长的可能性。

飞书可以引导企业打开更多观察和管理维度。过去的信息往往局限于狭窄的维度，而飞书作为一款数字化工具，通过打开多面透镜，让企业管理者能够观察到信息的多个维度，提供更全面、更丰富的观察视角。

飞书工具中的工作流可以为企业解决管理难题。整个工作流全流程“透明化”，使组织内的不对称信息能够最大程度地避免，从而进一步提升组织效能。

飞书之所以被广大组织所认可，还因为它创造了更高的价值。飞书可以将各种类型的工具有效串联起来，如文档、表格、幻灯片、思维导图等，从而彻底解决职场人士在日常办公中需要使用多个软件的痛点。这不仅仅是软件层面的简单替代，更是效能的引爆。

在视觉创意方面，可以从飞书的更多维度、更快速度、更高价值、更低成本等几方面作为切入点。同时，也可以在创作时加入一些“彩蛋型提示词”，以保持最终作品具备一定的发散性和随机性。这样既能满足客户明确提出的设计要素，又能带来意料之外的设计惊喜。

6.1.3 执行过程

在这个项目中，客户的期望不仅局限于展现飞书在AI技术的支持下所能达到的卓越性能，更在于深度解读和体验未来的工作模式。对我们而言，这个项目不仅是一个具体的项目，更是一个具有历史性意义的里程碑。值得一提的是，这是中国首条AIGC广告片，其内容全部由AIGC工具生成。这一步对我们来说可能只是一小步，但对广告设计领域而言，无疑是一次巨大的飞跃和尝试。

在推进项目的过程中，创作团队采用了独特的社群众创模式。作为中国AIGC领域的顶尖社群，野神殿为本次项目精心挑选技艺精湛的设计师。他们中既有来自国际知名大型企业的设计师，也有在海外生活工作的AIGC技术狂热爱好者，还有在创业道路上取得卓越成绩的视觉设计大师。

作为项目的发起人，我们相信：成员的多样性有助于更好地诠释和交付多元化的创意。

这些来自五湖四海的设计师虽然拥有不同的创作风格和工作习惯，但都被飞书项目紧密地联系在一起。值得强调的是，正是依靠飞书工具自身强大的团队协同功能，这些散落在世界各地、各行各业的设计天才形成了有序高效的工作流。这足以证明：飞书的工作协同功能不仅让团队成员之间的交流变得畅通无阻，还使整个项目的推进流程变得前所未有的便捷。

尤其值得一提的是，从项目需求明确到最终作品交付，整个过程仅耗时11个小时。在AIGC工具尚未出现的年代，完成如此高质量的设计作品所需时间难以想象。本案例不仅展示了AIGC工具为设计师带来的巨大生产力，还反映了现代科技如何为人类打开通向未来的大门。

6.1.4 最终交付

经过团队成员11个小时的紧密协作，最终成功为飞书创意团队交付近千张高质量图片，而非视频影像。图6-2所示为从众多图片中精选的几张图片素材。

作为中国首支运用AIGC技术制作的广告宣传片，飞书的这一创举在市场上引发了广泛关注。结合飞书产品给市场带来的深刻认知影响，这则广告片在社交媒体上取得了显著成绩，如图6-3所示。它不仅获得了大量的观看量和正面反响，还标志着一个新时代的开启——本次发布会可能是飞书的一小步，却是AIGC商业化的一大步。

尽管在2023年底，AIGC工具在生成视频方面的能力已取得大幅“飞跃式进步”，但无论从制作成本还是操作便捷性来看，其尚未达到可以广泛普及的程度，仍然存在较高的使用门槛。

图6-2 部分被选入的素材

如何让业务化繁为简，给未来新的思路？3月22日，2023春季飞书未来无限大会，与你共同探讨业务未来式 #飞书...

飞书 公众号 +关注 4129 4096 2498 187

图6-3 广告片放出后，在社交媒体上获得热烈响应

6.2 当新媒体遇到AIGC——老板电器的AI哲学艺术尝试

在当今瞬息万变的时代，企业的每一个决策和行动都对其未来发展产生深远影响。因此，对于企业而言，勇于面对挑战、拥抱变革并寻找独特的成长路径显得尤为重要。作为中国厨卫领域的领先品牌，老板电器在AIGC和新媒体的浪潮中，敏锐地捕捉到了新的发展机遇——运用AIGC手段在新媒体领域（如微博、微信、小红书、抖音、快手等）推广其品牌形象和进行企业文化的传播。

6.2.1 项目背景

为激发创新思维和艺术灵感，老板电器于2023年4月底与野神殿共同举办了首次AIGC创意征集大赛。本次大赛中，老板电器给出了极富启发性和哲学性的设计选题，并为参赛者提供了三个选题方向。

选题一：从味道展开想象。

火和烹饪是人类从蒙昧走向文明的重要节点，而饮食的味道讲述了“我们是谁”“我们的家在哪”这些永恒问题。

在这个主题下，需要探讨“味道”如何引发人类的情感和本源需求，并尝试将老板电器的科技、艺术和灵感融入环境、融入味道，呈现出对文化传承的独特见解。

选题二：科技，让烹饪想象，让食物成为创作。

厨房是生活的缩影，科技是生活的进化。

在这个主题下，需要在作品中展现出生活场景的丰富多彩，同时又要有未来感与科技的想象。该主题鼓励参赛者探索科技如何丰富生活，改变我们与环境的关系，重塑我们的生活方式和社交模式。

作品形式可以灵活多样，包括但不限于绘画、摄影、雕塑、视频等。

选题三：科技，让我们在厨房里重识彼此，让爱自由生长。

在这个主题下，需要探讨厨房如何见证生活点滴，以及科技如何推动生活变迁。作品应展示老板电器的厨房科技如何为人们带来便利和加深情感认知，让我们在超现实的想象下找到真实生活的新维度。

通过本次AIGC创意征集大赛，老板电器意在引发大众对科技与生活更为深入的思考和想象，并期望通过参赛者的创意作品，展现公司在科技创新和厨房设计领域的领先地位。

老板电器关于艺术风格和载体的要求如下。

- 我们来自拥有五千年悠久历史的国度，同时积极展望未来。
- 在创作中，请赋予科技与人文之间足够的张力，甚至融入深刻的哲理。
- 画面可融入科幻或未来感，同时不失对生命和本源的关怀。

6.2.2 灵感思路

这是一个兼具思想深度和创作难度的挑战，像是一扇扇充满惊喜的大门，等待创作者借助AI工具叩开。作为野神殿主创团队及项目承接方，通过对老板电器的需求分析，分别从三个视角为创意者提供思路。

视角一：老板电器与烹饪文化。

我们不仅仅是谈论一个家电产品，更是在探讨其背后所代表的中国饮食文化的传承与创新。老板电器在为人们提供便捷、高效的烹饪方式的同时，也守护着中国烹饪文化的传统精髓。

视角二：老板电器与厨艺和味道。

将老板电器视为厨师的得力助手，共同创作出让人回味无穷的佳肴。这是对食物热爱和对生活热情的体现，同时也是厨艺和味道的完美结合。

视角三：老板电器与环境和家庭关系。

展示家电产品、家庭环境和人际关系之间的奇妙联系。老板电器不仅提供了先进的技术和便捷的生活方式，更是家庭成员之间情感交流的桥梁，见证了无数家庭的欢聚与温馨。

基于以上三个视角，创作者可以进行画面构图及提示词设计，以展现老板电器的多元化和思想深度。

6.2.3 执行过程

自古就有“民以食为天”的说法，本案例作为老板电器和野神殿社群联合发起的众创项目，获得了社区成员的热烈支持。

前面我们探讨了AI绘画工具的两种驱动模式：“收敛型”与“释放型”。这两种创作方式如同画家的两把刷子，各具特色。对于老板电器而言，其需求不仅仅局限于想象力，更需要的是准确性和贴切性，如图6-4所示。毕竟，我们不能随意改变那些已经在人类现实世界中使用的各类真实厨电的样子。因此，“收敛型”的AI工具更加符合老板电器的需求，能够帮助其准确地传达品牌的核心价值。

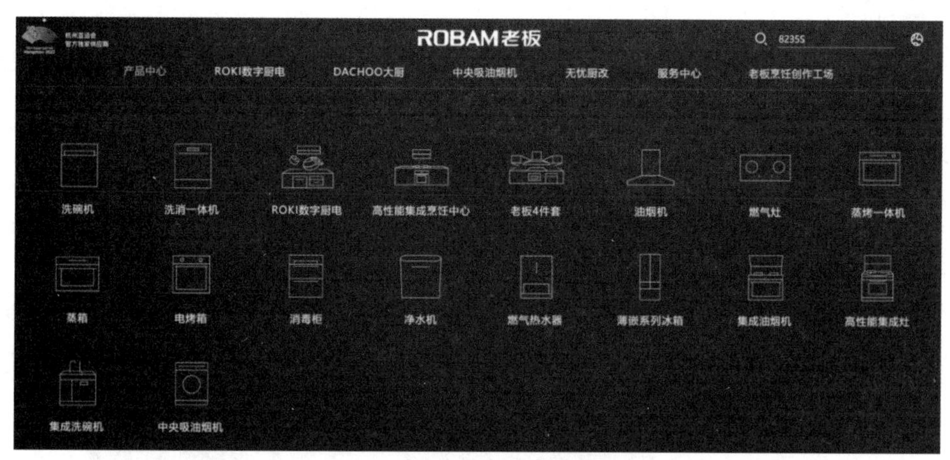

图6-4 老板电器既有的产品类型

6.2.4 最终交付

本案例作为野神殿社群众创项目的一部分，社区成员积极投稿，其中一些优秀成员的作品获得了老板电器官方赠送的厨具套装作为纪念。以下是王晓沫的获奖作品《家的味道》部分内容，如图6-5所示。

图6-5 获奖作品《家的味道》by王晓沫

6.3 特斯拉——再见燃油时代

在野神殿社区的“毕业设计大考”环节，每个学期都会邀请重量级企业参与，每次集体创作都是一场社交媒体的表达与传播盛宴。这一活动不仅是知识的展示，更是一次思考的挑战。它超越了传统的教育框架，集结了学者、艺术家、哲学家和技术狂人的智慧，进行跨界思想碰撞与AI商业创作实践。

6.3.1 项目背景

本案例中，特斯拉公司作为全球智能电动汽车领域的领导者，给出了毕业设计考题：再见燃油时代，如图6-6所示。特斯拉期望社群成员能够设计出兼具启发性、哲学性和艺术性的视觉作品。

图6-6 特斯拉——“再见燃油时代”

作为电动汽车的佼佼者，特斯拉不仅代表技术进步，更承载着对未来美好生活的期许和向往。它提醒人类重新审视人与自然、人与机器以及人与未来的关系。在此背景下，特斯拉不再只是一辆汽车，而是一种艺术、一种观念和一份对未来的承诺。

本次“毕业设计大考”也不仅仅是一次考核，更是对未来的探索和对历史的致敬。旨在挖掘绿色科技与艺术的交融，探索人类如何与机器在未来共存，以及如何挑战旧有的观念和框架。通过新锐社交媒体平台小红书，野神殿社区希望通过AIGC工具携手一线品牌，共同引发更多网友的深入思考：未来生活，走向何方？

这不仅仅是一次寻找答案的旅程，更是一场关于汽车产业、未来出行方式的积极思考。

6.3.2 灵感思路

曾几何时，无数热血少年的心中梦想是马踏銮铃金甲亮，长剑逐风跃河山。

时光荏苒，当少年慢慢长大，以发动机轰鸣声为标志的机车文化更令其血脉偾张。

当人类开始尽情享受燃油动力的澎湃时，同时也在快速消耗着宜居的蓝色星球。

电动汽车作为全新物种，或许能为人类开启一个更美好的新纪元：更加清洁的能源、更加澎湃的动力，以及更加生机盎然的美丽星球。

如果用拟人的手法，燃油车与电动车会怎样交流？后者会不会向前者描绘一幅祥和安宁的绿色愿景？我们也可以想象电动车与周遭的大自然和谐相处的场景，将“绿色出行”的理念传递给每一个汽车消费者；我们甚至可以设想人与科技的友好结合，共同绘就一幅生生不息的发展图景……

作为创作者，以上场景虽然仅仅是脑海中的畅想，但AI工具可以让它们“走进现实”。

6.3.3 执行过程

野神殿社群的每期毕业设计，都有重量级企业前来助阵，这已经成为一个固定的“传统”。这不仅是对AIGC创作技巧的考核，更是对创作思维的锻炼。通过AI绘画，参与者不仅展示了汽车的发展历程，也展现了科技与艺术结合的无限可能。

本案例同样是野神殿社群众创项目，社群成员踊跃投稿，其中有十一名优秀的获奖作品，创作者获得了上海特斯拉官方赠送的奖品，并受邀体验深度试驾。

这次在小红书平台上推广的“#再见燃油时代”话题如图6-7所示，是一次具有示范意义的社交媒体结合AIGC技术的营销案例。该话题主要包括两类图片：一类是特斯拉车主喜提新车后的拍照打卡留念，展示特斯拉车主的喜悦和品牌受欢迎程度；另一类则是来自于我们社群成员的AIGC作品，这些作品通过人工智能的创意生成，不仅展示了AIGC技术的创新和趣味性，也为该话题增添了多元化的内容和视角。

图6-7 小红书话题

读者可以直接前往小红书平台，浏览更多关于“#再见燃油时代”话题的优秀作品，从中感受新能源汽车时代的到来和AIGC技术的魅力。

6.3.4 最终交付

本书特别推荐有饭同学的视觉银奖作品——《逃离》，如图6-8所示。她使用Midjourney完成了这幅耐人寻味的画作。她说，创作时她对现实充满焦虑，对未来却抱有无限憧憬。这种心绪反映在作品中：被困的特斯拉电车渴望驶向光明，黑暗的现实却将其围困。单调的色彩和简约的画风，道出了对生活复杂性的疲惫，以及对朴实与自然的追求——这与特斯拉的产品定位不谋而合。画面中透着一丝超现实主义，让观者充分发挥想象，并从中获得启发。

图6-8 最佳视觉银奖作品《逃离》by有饭

6.4 科技向善——AI助力腾讯关心海洋，呵护被遗弃的家

本案例来自中国科技巨头——腾讯。腾讯在中国乃至全球都有着极高影响力，公司业务覆盖社交、娱乐和支付等诸多领域。腾讯社会公益研究院（腾讯SSV）是腾讯公司为推动社会公益事业的发展所设立的一个专门机构。SSV是“Social Sustainability Vision”的缩写，意为“社会可持续发展愿景”。该机构通过研究、实践以及和各界合作，努力为社会问题提供解决方案。运用腾讯的技术、平台以及影响力，推动公益创新，助力公益组织的能力提升，引导更多人参与到社会公益活动中来。

在过去的几年中，腾讯SSV已经发起并参与了许多重大的公益项目。例如“99公益日”大型公益活动，也推动一系列科技公益项目，运用大数据技术改进公益资源配置等。

6.4.1 项目背景

案例主题：腾讯公益项目“关心海洋，关心被丢弃的家”

by：李阳&腾讯SSV

本书作者之一：李阳，受腾讯SSV邀请（后文使用SSV指代腾讯SSV），参与本案例创意设计。

“关心被丢弃的家”是SSV主导的公益项目，旨在关注海洋保护和环境保护相关问题。

在为期一年的海洋与环境公益项目中，SSV运用AI技术和创新的视觉艺术形式，呼吁公众关注海洋污染，展现了其在公益创新与科技公益上的积极作为，如图6-9所示。

图6-9 主视觉

客户对这个项目始终保持非常高的期待，SSV希望创作者能在短时间内创作出具有深远社会影响力的公益艺术作品，同时需要用艺术的方式呼吁人们关注海洋污染和环保问题。

将艺术与公益精神完美融合，就是SSV给出的最终挑战。

经过用户需求的反复分析，李阳最终决定创作目标：通过作品创意引起人们对海洋保护问题的关注，将艺术与公益精神结合，从而推动社会的可持续发展。

这个项目对李阳来说极具挑战，其中最大的挑战无疑是如何有效地将“关心海洋，关心被丢弃的家”这一主题通过艺术作品的视觉传达表现出来。需要在艺术创作中融入海洋保护的理念，使其既能引发人们的共鸣，又能充分体现公益的主题。此外，客户又要求在短时间内完成一系列的艺术概念作品。这意味着创作者不仅需要快速构思并产出作品，还需要确保作品的质量和深度。

这是一个在时间、质量和深度之间构建平衡的挑战，这使得整个项目的复杂性和难度大大增加。

作为一个采用AI技术的艺术项目，客户希望李阳能充分展示AI艺术的创新性和独特性。这也是对AI技术运用、艺术表达以及创新思考等多方面的挑战。这些挑战和要求使得这个项目不仅仅是一个商业艺术创作任务，更像是一次对艺术审美、创作能力、创新精神以及对社会责任的综合考验。

6.4.2 灵感思路

围绕海洋垃圾，“被丢弃的家”这个创意概念，李阳采用Midjourney创作三维画面概念初稿，如图6-10所示。而后，人工筛选、评估、重构这些效果图，如图6-11所示，并进一步丰富完善艺术作品。

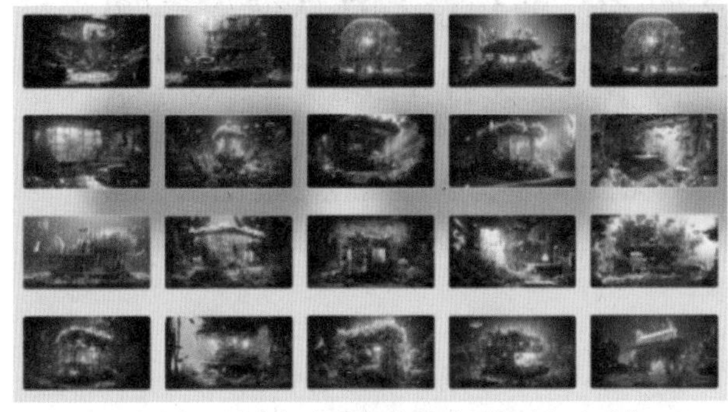

图6-10 千张概念稿精选出的“初选概念稿”

图6-11 选定主概念稿

回顾项目历程，在面对任务项目给予的挑战和要求，首先必须有一个明确的创作思路。李阳选择以“垃圾组成的趣味性的小品式场景”作为创意起点，旨在通过描绘海洋遭受污染的景象、抛弃的废物，在海底组成一个趣味性、反差感十足的空间，构建一个某种意义上的“家”。

希望用这种矛盾的理念与画面的反差感，唤醒观众对海洋生态的关注与环保意识。

6.4.3 执行过程

AI在项目中所承担的角色主要是实现创意实体化的工具，庞大的运算能力令其可以在极短时间内将创作者的构想转化为图像。这极大地提升了李阳的工作效率。

李阳使用AI生成上千张关于“被丢弃的家”的三维效果图，如图6-12所示。这些效果图形成了丰富的视觉素材库，是后续艺术创作的重要基础。

注意，AI生成的效果图仅仅是创作过程中的某个环节。人类在这个过程中扮演了不可或缺的决策者与创造者的角色。

AI终究是人类手中的一件“工具”，我们始终作为这个过程中不可或缺的决策者与创造者。我们负责筛选、评估那些自动生成的图像，确定哪些最契合我们的创作意图，最能体现主题内涵。接着，我们利用Photoshop对图像进行修图、重绘，使其更符合心中理想的样子。

以上这些，都需要创作者在专业技巧、美学意识、主题理解等方面有独特视角与判断，这是AI无法企及的。

图6-12 概念稿

最终，李阳将人类的创造性和AI的高效性有机结合，利用各自优势共同完成令人印象深刻的艺术作品，如图6-13所示。

图6-13　融合概括修图

6.4.4　最终交付

通过AI和人类的共同努力，艺术概念作品最终完成，线上互动主视觉展示如图6-14所示，展出的所有艺术作品如图6-15所示。这些作品不仅为公众带来了对海洋保护的深入思考，也为腾讯公益的年度活动提供了独特的视觉概念艺术。

图6-14　线上互动主视觉展示

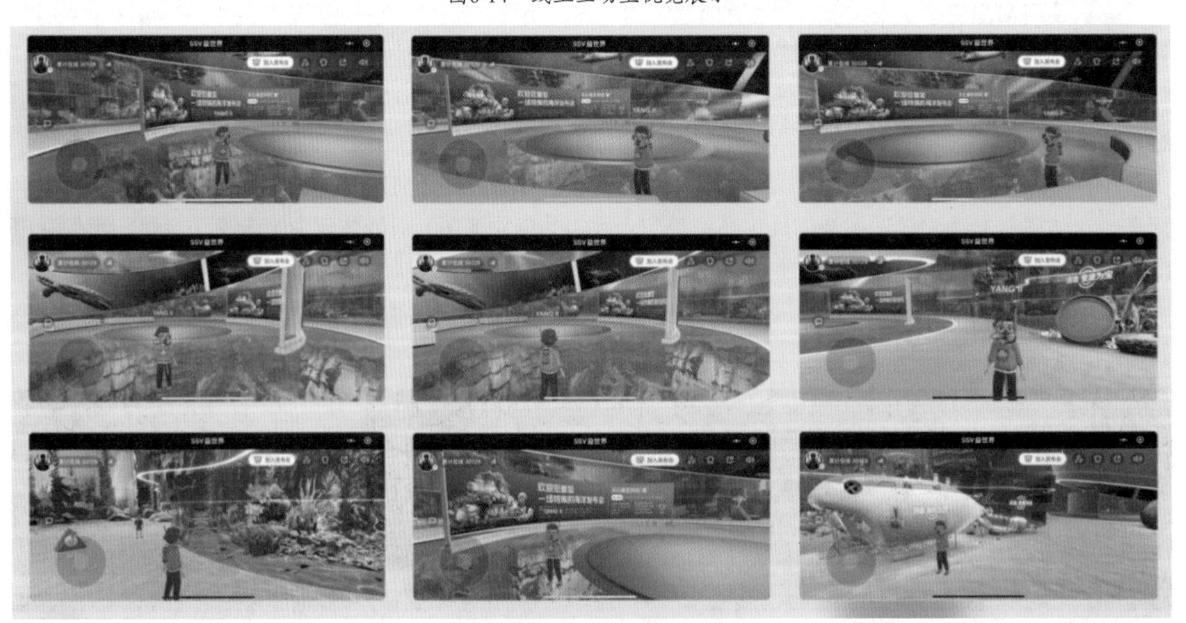

图6-15　展出的所有艺术作品

每一幅作品都代表着创作者对海洋环境保护的关注与承诺，这些作品不仅在线上线下的公益活动中广泛展出，也在社交媒体和网络平台上引起了广泛的关注和讨论。此外，李阳也将这些作品打包为一个系列，以便腾讯在未来的活动中继续使用。通过这个项目，李阳不仅完成了对客户的交付，也使AI艺术的理解和应用得到了进一步的深化，创作技能和创新思维也得到了锻炼与提升。

在整个项目过程中，我们可以深刻地体会到，AI是非常好的工具与协助者，它能成为创作者创作思路的延伸者，提供大量素材与更多可能性，还帮助人类快速将想法转化为实体，缩短创作时间，降低创作成本。

AI确实是极为强大的工具，但AI并不能完全替代人类的创作。

人类的审美、情感以及对主题的深入理解，仍然是艺术创作中不可或缺的要素。艺术作品不仅需要为人们带来感官精神层面的享受，更要成为传递重要社会信息、引发公众关注的工具。

6.5 智慧风尚——阿瑞纳 50 周年庆典，概念泳装商业插画

阿瑞纳（Arena）品牌（如图6-16所示）是一家扎根于法国的全球领先泳装品牌，拥有长达半个世纪的荣誉历史。该品牌由奥运游泳金牌得主Horst Dassler于1973年创立，最初曾作为Adidas的子品牌运营。但随着时间推移，阿瑞纳逐渐独立并开始在游泳界崭露头角。其品牌信仰“水中的胜利”，代表其对为游泳专业选手和爱好者提供顶尖性能游泳装备的执着。

图6-16 阿瑞纳品牌logo

6.5.1 项目背景

案例主题：Arena 50周年庆典

by：李阳&Arena 50周年庆典

本书作者之一：李阳，受阿瑞纳邀请，结合AIGC为其完成创意设计。

阿瑞纳始终站在泳装创新的前沿，旨在为游泳迷带来尖端且舒适的装备体验。在庆祝阿瑞纳50周年的特别项目中，李阳有幸被邀约结合人工智能技术配合品牌宣发设计，为阿瑞纳展现了一系列创新而独特的泳装设计概念。这不仅更好地诠释了阿瑞纳所秉持的设计哲学，同时也展示了AI在设计领域的巨大潜力。

本项目的核心是利用AI技术，对阿瑞纳的品牌精髓和设计哲学进行现代化演绎，彰显其在游泳装备界的权威地位和对创新的不懈追求。这也为展现AI在概念设计和工业设计中的巨大价值提供了绝佳机会。李阳希望通过此项目，向世界展示AI与设计师合作时的无限创造力。

客户在本案例中给予创作者极大的创作自由，所以设计师面临的挑战是全方位的。

首先，这家拥有半个世纪历史的全球泳装巨头，对产品创新与质量的要求是严苛的。半个世纪以来，阿瑞纳始终站在行业技术创新与设计美学的前沿。这要求设计师不仅要深刻理解其品牌精髓，更要勇于挑战规则、打破常规。

然后，泳装设计这一看似简单的领域，其实蕴含着无数细节与难题。如何在舒适、实用、美观之间找到平衡？将这些要素与AI技术完美融合，对设计师的技能与创新思维无疑是一次挑战。

最后，这不仅仅是一个设计项目，更是见证阿瑞纳辉煌五十年的机会。创作者需要挖掘其独特品牌故事，用AI技术为其注入新的生命力，展现出半个世纪的品牌沉淀与不断创新。

对创作者来说，这是一次与历史、与自我的对话。在满足客户需求的同时，还要尝试展现AI设计的无限可能，勇敢尝试，大胆创新，如图6-17所示。

图6-17　李阳&Arena 50周年庆典创意

6.5.2　灵感思路

在这个项目中，李阳面临的挑战是如何巧妙结合阿瑞纳的品牌魂魄，与人工智能的创新魅力。李阳尝试深入挖掘阿瑞纳五十年的历史脉络与品牌信仰——对泳装装备的精益求精，对设计艺术的不懈探索，有了这些丰厚的品牌文化底蕴，可以此作为灵感，利用Midjourney 强大的人工智能技术，展开一场富有创意的设计之旅，如图6-18所示。

图6-18　李阳& Arena 50周年庆典创意

在这个融合传统与创新的设计探索中，设计师面临的考验是维护品牌核心价值，与推陈出新之间的平衡。李阳在保留阿瑞纳经典设计语言的同时，又赋予其新的寓意；运用AI生成大量新颖图片，再人工筛选出最能代表阿瑞纳品牌精神的作品。

最终，历史与现代、经典与创新通过我们的设计和智慧巧妙结合，缔造出独一无二的视觉盛宴。

6.5.3　执行过程

在整个创作过程中，AI技术发挥了巨大作用。通过学习海量图片数据，它能快速理解设计师需要的视觉风格，帮助设计师高效生成定制化插画。同时，AI算法还能基于修改意见调整设计，使最终结果更符合阿瑞纳的品牌与市场需求。在设计创新上，AI的长处更为突出：通过重新组合设计元素，它能呈现人类设计师难以想象的全新可能性。这些新颖大胆且富有创意的方案，才是阿瑞纳期盼的，也是本项目的成功之道。

整个创作过程是人与AI深度协作的成果：设计师通过不断试误与调整，终将AI的创新力与阿瑞纳的品牌精神完美结合。构思Prompts时，设计师融入了奢侈与时尚词汇，以拓宽AI的想象空间。

6.5.4　最终交付

经过多次调整打磨，李阳终于为阿瑞纳完成了富有新颖活力与前卫气息的AI泳装设计稿。这个系列既凸显阿瑞纳的品牌特色，也见证了其半个世纪的辉煌历史，如图6-19所示。

这些概念设计成功融合了功能性与美感，深受阿瑞纳官方和客户的称赞，也让更多人看到了AI在工业设计和创意营销中的潜力。

图6-19　李阳&Arena 50周年庆典创意

项目尾声，李阳向阿瑞纳全面展示了设计草稿，包括AI生成的原始方案，以及他本人基于这些方案进行调整优化后的终稿。这些设计不仅将应用于阿瑞纳50周年系列的宣传中，也将成为未来产品设计的重要参考。

在设计本案的过程中，AI充当了高效的方案生成和优化的角色，人类则负责定义需求并设计目标，在同AI工具互动的过程中不断进行筛选、评价和最终完善。这种人机合作的模式使得创作者能在短时间内呈现更多优质的设计选择。

但AI的魅力不仅仅在于提高效率，更重要的是拓宽创作者的创意视野，展示更多设计可能性。

总结来说，阿瑞纳的项目展现了AI在“设计创新”中的核心价值：不只是效率的提升，更是创意的增强。

传统设计可能受到创作者自身认知和手工制作等诸多束缚，而AI能帮助人类跨越这些障碍。

设计师在掌握AI技术的同时，还需深入洞察人的需求和审美。随着技术进步，AI在设计领域的角色将日益增大。而如何与AI合作，创作出满足人类审美和需求的设计，将成为设计师的关键技能。

6.6　新艺术描绘新时代——AI 的千重演进只为一杯外卖咖啡

美团作为一家深度运用大数据和人工智能技术来持续赋能餐饮行业的公司，在AIGC创意应用领域也展现出极大积极性。美团APP内已有大量素材由AI与设计师共同完成，这不仅提高了内容创作的效率，也增强了素材的创新性和多样性。

本案例是美团外卖在咖啡赛道的一次重要尝试，反映了美团在科技创新和行业赋能方面的持续努力和探索精神。

6.6.1　项目背景

案例主题： 美团外卖-2023年上海咖啡文化周

by：土豆人（tudou_man）&美团外卖

本书作者之一：土豆人（林晨），受美团外卖邀请，为2023年上海咖啡文化周创作一件AIGC概念作品。

6.6.2　灵感思路

该作品以上海的苏州河游船为创作原型，通过实景拍摄采集与Midjourney 和 Stable Diffusion组合的方式创作，通过上千次的叠加演算，近乎真实地呈现出浪花载着一杯巨大的外卖咖啡出现在苏州河上的场景。

回顾本案创作打磨，耗时接近半个月，这让很多人不解，甚至产生困扰——AI出图不是“立等可取”吗？为什么一张图片需要做这么久？不是说AI都落地了吗？

因为本案主创——土豆人试图解决AIGC难题：创作内容的可控性。相信这也是广大AIGC创作者共同遇到的难题。

相信不少读者在使用Midjourney时也有这样的体会：如同选盲盒玩具一般，越是在脑海中清晰构想的画面，在输入Prompts后，越是如脱缰野马一般生成。通常需要通过大量出图去求得随机的“惊喜”。

内容生成的随机性与不可控性，让Midjourney很难单独成为专业设计师的生产力工具。但从成像质感与基调氛围上看，它又具备极其出色的视觉效果，是难得的创意灵感之源，非常适合在项目中担当“创意排头兵”的作用。

6.6.3 执行过程

以本案例《浪尖上的外卖咖啡》为例。

前期沟通阶段，Midjourney凭借出色的质感呈现以及快速响应，直观地把“一杯在浪尖上的外卖咖啡”的想法生成出来，如图6-20所示。在画面的主题感觉上，干爽透亮的影调和外卖咖啡清透的光泽感都很有参考价值，为作品圈定了良好的起手的基调。

图6-20 Midjourney构建概念氛围

但是问题也很明显：Midjourney不适合产出指定元素和具象内容。例如画面没办法展示上海苏州河的码头，也没办法生成上海三件套的地标建筑，更没办法把外卖咖啡放在一个真正的浪花船上。所以在创意表达内容的呈现诉求近乎苛刻的前提下，AI的可控性就显得至关重要。

鉴于此，在进一步创作时，土豆人采用了Stable Diffusion来完成创意的具象化实现。在进入新工序之前，这里还有个准备工作，就是实景素材采集，如图6-21所示。因为很多具体场景的地标建筑，在Stable Diffusion的大模型中可能并没有学习，所以需要采集一些现场照片素材帮助AI学习认识，生成时才能达到较真实的环境效果。

图6-21 上海苏州河外滩源码头实景素材采集

在收集来的实景素材基础上，通过简单的草图绘制，如图6-22所示，整合进Stable Diffusion的工作流中，至此画面已经有了初步的创意呈现雏形。这也是AIGC工作流的一次新探索，区别于以往的工作经验，草图创作并没有放在项目最开始的步骤，而是出现在创作中期，且起到了重要的AI执行提示的作用。

图6-22 合成草图

在Stable Diffusion中，通过ControlNet模型控件的组合配置，基本可以把上海外滩源码头的场景还原出来，远处的三件套地标建筑也基本复原，如图6-23所示。环境问题解决后，土豆人开始把精力集中放在主体物的细节刻画上，通过局部重绘不断迭代海浪和咖啡杯的最终呈现。至此进入精雕细琢的阶段。

图6-23 Stable Diffusion概念刻画

创作过程本身也构成了作品的一部分。土豆人记录下从草稿到成稿的1000多幅画面，如图6-24所示，生成了一段30s的创作短片，发布在其个人社交媒体（小红书：土豆人Tudou_man）主页上。那些花费在细节反复推敲的时间，被生动凝固：从画面布局到码头上的一盏路灯，都是创作者精心雕琢的结果。

创作是一个不断质疑、推翻，再重新建构的过程。我们在本案共同见证了人工智能对这一过程的辅助作用：它既是一个高效的“环境”搭建工具，也是细节迭代的“助手”。设计师仍然要基于自身需求和审美标准进行判断，AI则提供更大的可能性空间。这样的人机合作模式，或许预示着设计行业工作流程的未来形式。

图6-24 1000+次的演算迭代

6.6.4 最终交付

最终，作品《浪尖上的外卖咖啡》如图6-25所示。在土豆人半个月的打磨中敲定下来。这千余次的细节重绘，实则是一场与AI审美表达的博弈。AI模型根据关键词的每一次噪波演算，都有它的学习与思考。而创作者需要不断将其推倒重绘，事无巨细地给予它修正和引导，将自身希望表达的内容进一步具象迭代。

可能这也是人类参与AIGC创作的意义所在，而不是输入一段提示词后就“坐等收图”。

图6-25 《浪尖上的外卖咖啡》土豆人（tudou_man）&美团外卖

6.7 麦麦博物馆的科技变革——AI助力麦当劳缔造传世臻品

青铜器汉堡、玉薯条、青花瓷可乐……这组脑洞大开的创意海报引发全球网友热议，成为2023年品牌AIGC营销的经典案例，本节将详细介绍本案构思及创作过程。

6.7.1 项目背景

一组由AI技术创作的麦当劳“传家宝”在全网刷屏，如图6-26所示，海内外媒体争相报道，如图6-27所示。

图6-26 《巨无霸青铜汉堡》创意海报

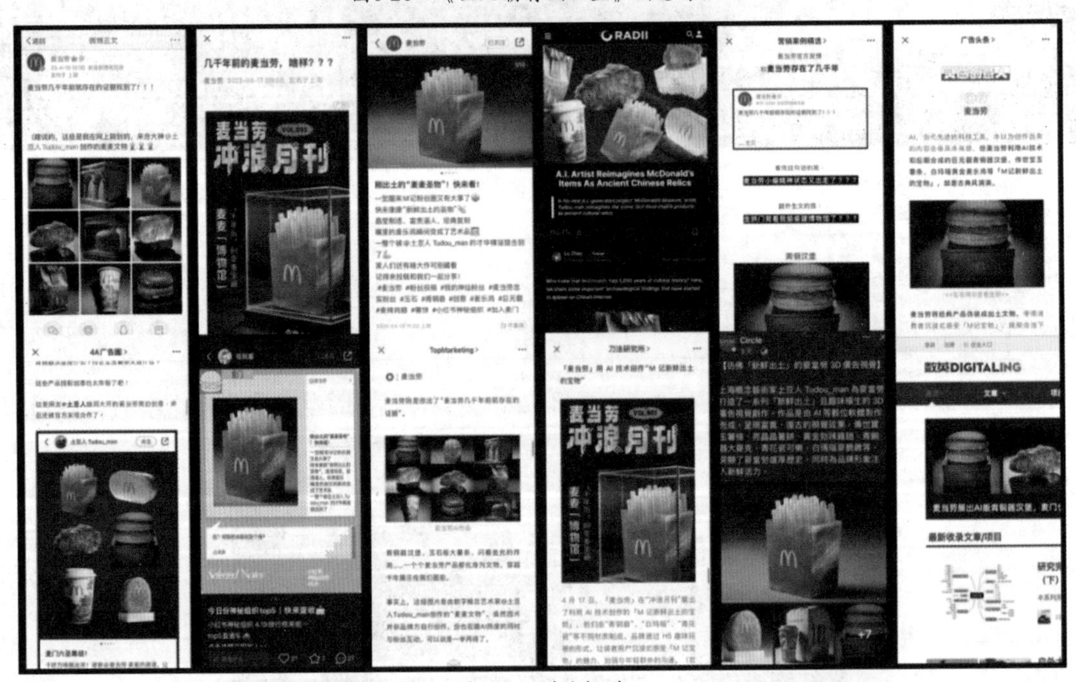

图6-27 媒体报道

《麦麦博物馆系列》创作于2023年1月，该系列第一组作品《巨无霸青铜汉堡》首次亮相于小红书，就获得了10万+的浏览量。由于该创意超凡脱俗的表现方式深得网友喜爱，土豆人又陆续创作了《传世宝玉薯条》《黄金麦辣鸡翅》《青花瓷可乐》《亮晶晶薯饼》等单品，在小红书达成百万次浏览。随着内容持续传播，原本属于个人创意分享行为的土豆人，幸运地与金拱门（中国）有限公司取得了联系并达成合作。经过一些细微调整后，最终在麦当劳官方媒体平台联合发布了一系列作品，一举在全网出圈刷屏。

6.7.2 灵感思路

回顾这一系列作品的创作心路，土豆人的灵感来源于两个有趣的信息。

一是海外instagram上有一则McDonald’s发布的，关于麦当劳正能量信条的帖子被疯狂转发，如图6-28所示。

二是同期国内“麦当劳粉丝”自称“麦徒”，将麦当劳视为“麦门”。

土豆人灵机一动，将麦当劳的经典单品，结合他自己的个人创作风格，将中国古代文物元素融入其中，并以“麦门圣物”为主题，创作了这组系列作品，希望引起麦当劳粉丝的共鸣。

图6-28　instagram上的帖子截图

整个过程使用Midjourney 和 Photoshop创作，除了前面大量的Prompts的提示词测试，后期修图处理也帮助作品获得更好的视觉呈现。Midjourney 在主体创意和氛围呈现上有着惊人的表现力，通过一句清晰的主体创意描述，就能够得到不错的作品效果。

需要注意的是，在真实复杂的商业创作过程中，没有人可以做到“一击命中”，往往需要做大量的Prompts测试、一轮轮迭代和筛选有效的画面。

6.7.3 执行过程

1. 案例一：《麦麦博物馆系列之巨无霸青铜器汉堡》

以“巨无霸青铜器汉堡”为例，在Midjourney输入Prompts之前，首先明确核心创意“一个中国古代的青铜器巨无霸汉堡陈列在国家博物馆里”，再依次加入材质、场景、光线、镜头、质感等提示词后，得到相应的创意画面。

初期的画面经过9轮生成，共得到了36个选择，如图6-29所示。从图中可以看出，在前几轮的生成中，受训练数据、背景文化及提示词影响，Midjourney对青铜器相关元素的呈现表达更接近欧洲中世纪产物，“土豆人”也尝试通过局部提示词的替换和引导，让最终成品画面更像是中国古代的青铜宝器，如图6-30所示。

至此，创作环节的素材初步筛选完成。在AIGC创作过程中，“选择”也是至关重要的一环，一幅令人满意的“初筛图”不仅仅是“好运气”，更是背后对提示词不断进行尝试和微调的结果。

接着使用Photoshop完成后期优化、构图优化、色彩修正、抹除Midjourney中随机生成的“乱码”（在“土豆人”进行创作时，Midjourney软件尚不能准确地完成特定字符的精确刻画），最后再添加麦当劳LOGO和“土豆人”个人版权标记。

全套工作流完成，一幅“土豆人”的数字作品才画上句号，如图6-31所示。

图6-29 Midjourney生成的结果

图6-30 最终选择的初筛画面

图6-31 《巨无霸青铜汉堡》最终成品图

2. 案例二：《麦麦博物馆系列之传世宝玉薯条》

在创作《传世宝玉薯条》的过程中也有个非常意思的地方。Midjourney 在“玉石”“麦当劳”的Prompts中“联想”生成的玉薯条是红色的（麦当劳品牌的主KV色是红色，这里生成的图案符合现实世界的商业逻辑），如图6-32所示。

由于“土豆人”原本希望还原中国古代玉石的质地，所以手动把原本的“红玉薯条”用Photoshop处理成绿色，如图6-33所示，这也一下子让薯条变得特别起来。

图6-32 最终选择的画面

图6-33 《传世宝玉薯条》

在尝试了青铜器、玉石的创意表达之后，“土豆人”继续将中国传统宝器中的青花瓷、白玛瑙、金饰、水晶等逐一进行尝试，在结合了可乐、薯饼、鸡翅等“麦当劳传统美食”后，最终完成了全案创意呈现——《麦麦博物馆系列》，如图6-34所示。

图6-34 《麦麦博物馆系列》作品

6.8 乡音悠悠，智绘呈现——AI 助力乡村振兴

我们的祖国有着连绵不绝的农耕文明。这片广袤的土地上，孕育了五千年的辉煌。当AI技术的新锐与土地的温润相遇，它们将擦出怎样的火花？

6.8.1 项目背景

中国民贸“一乡一品”产业计划致力于推动乡村振兴和特色产业提升。中国“一乡一品”产业促进计划（简称OTOP）是中国民族贸易促进会（后文简称为“民贸”）秉持“服务国家、服务社会、服务群众、服务行业”的办会宗旨，积极围绕国家乡村振兴战略和国家品牌战略的相关要求，于2016年在原国家质检总局的支持下牵头启动的一项综合性产业提升计划。OTOP面向全国2800多个县市，4万多个乡镇，通过整合社会各方优势力量，建立科学产业体系，打造优质特色品牌，建设特色产业中心，推动产业高质量发展，实现地方产业兴旺。

2023年7月，民贸携手野神殿，共同开启我国第一个以乡村题材的AI绘画大赛。这是一次文化与科技、传统与创新完美结合的探索尝试。我们希望通过AI独特的绘画手法，展示农业之美、科技进步和其对现代生活的深远影响，让更多人关注“一乡一品”。

本次大赛设置了“乡村田园”“丰收季”“农业科技”和“致敬名画”四大主题，给予创作者极大的发挥空间。期待这场融合传统与创新的文化盛宴，能为振兴农业注入新的活力。

6.8.2 灵感思路

站在历史的节点，当我们再次回头审视农业发展，这一与中华民族息息相关的领域，我们能够深切地感受到时代的进步与变迁。传统的农业已不再满足于单纯的土地耕种，它在逐渐升级、转型，向着更为先进、智能的方向发展。

这一次，我们的创作灵感首先从主办方设置的四大主题中筛选：乡村田园梦（山水相关）、丰收季（农产品相关）、农业科技创新、致敬世界名画；其次，结合数字农业、智能农机、智慧农业、未来农业、农业科技与农业创新相关的概念。

想象这样的场景，我们乘坐时光机来到未来，田间地头不再是面朝黄土背朝天的人力地头，而是智能农机在大地上穿梭，手工劳作被高科技替代。而在艺术表现上，如何去塑造这样的画面？一方面，写实风格，如摄影范式和电影范式，可以帮助我们更加直观、真实地展现画面元素，仿佛置身其中，令观众感受到时代变革带来的冲击。另一方面，中国特色的绘画手法也可以为我们提供一个全新的视角，将传统与现代相结合，呈现出一个充满中国气息的数字农业世界。

尽管西方的油画和雕塑等技法有其独特的魅力，同时主办方也给出了“致敬名画”环节，但在这里，我个人更希望看到的，是一个融合了东方智慧与现代科技的农业新时代。事实上，这个领域可以参考的著名画作也是很多的，正如前面章节介绍过的：画种和作家本身也可以作为AI绘画提示词。

《拾穗者》原著，由让·弗朗迪克·米勒（1814－1875），法国巴比松派画家创作，如图6-35所示，绘制于1857年，布面油画，现存于巴黎奥赛美术馆。

图6-35 《拾穗者》让·弗朗迪克·米勒（1814—1875）

图6-36所示仅做创意示例，用于示范画种和作家作为提示词，并非本次大赛征稿作品。

提示词：masterpiece（大师杰作）by Jean-Fran Millet（让·弗朗索瓦·米勒），oil painting（油画），Chinese farmer piloting robot in fields（一位中国农民正在田野驾驶机器人），Des glaneuses（《拾穗者》），sci-fi（科幻），juxtaposition of tradition and future（传统与未来），golden crops（金色庄稼），dusk lighting（黄昏光影），detailed（细节）--v 5.0（调用Midjourney v5.0版模型）--ar 16:9（画幅）

图6-36 源于《拾穗者》的创意示例

6.8.3 执行过程

在项目执行过程中，社群累计投稿超过千份，技法涵盖摄影、油画、水彩等多种风格。但从获奖作品看，借鉴中国传统艺术元素的创作在这个主题中更容易脱颖而出，如图6-37所示。这似乎在意料之中。中国绘画拥有源远流长的传统，蕴含丰富文化底蕴。而本次大赛以农业为核心，中国画笔下承载千年的田园情怀，与之契合度更高。

图6-37 部分投稿合集

6.8.4 最终交付

因篇幅限制，本节仅采集并展示部分获奖作品。

一等奖作品《在你身边》，如图6-38所示。

图6-38 一等奖作品《在你身边》by 白米饭

作者：白米饭

创意说明：

乡村振兴的道路上，留守儿童问题是一个有待解决的挑战。孩子们希望有父母的陪伴，然而父母又为了生计无法在孩子身边。在未来的乡村，设想智能机器人作为孩子们的陪伴伙伴。这并不是要取代父母的角色，而是为了在父母无法陪伴时，给予孩子们关心和陪伴。这些智能机器人将不仅仅是冷冰冰的工具，而是拥有情感和智慧的伙伴，能够陪伴孩子学习、成长，甚至成为他们的朋友。

二等奖作品《华农一号收割机》，如图6-39所示。

图6-39　二等奖作品《华农一号收割机》by 林文波

作者：林文波

创意说明：

在乡村振兴的浪潮中，农业的现代化和科技的融合成为了推动农村发展的关键。作为一款崭新的创新主题，华农一号收割机扮演着农作物收割领域的领航者，将智能技术与农业实践完美融合，为乡村振兴带来了全新的前景。

它将助力农村实现高效、智能、可持续的农业发展，为农民创造更好的生产和生活条件，更是农村现代化的象征，为我们描绘出一个富饶美好的农业未来。

三等奖作品《老伙计》，如图6-40所示。

图6-40　三等奖作品《老伙计》by 造梦joker

作者：造梦joker

创意说明：

农民伯伯代表了传统农业劳动从业者，机器牛则代表了现代科技创新和“传统技艺”的传承，老农与机器牛的和谐相处揭示了人与科技的自然共生，反映了科技在传统农耕文化中的逐渐渗透。

最佳人气奖《丰收的喜悦》，如图6-41所示。

图6-41 最佳人气奖《丰收的喜悦》by 萝卜塔塔

作者：萝卜塔塔

创意说明：

田间金灿灿的稻谷和孩子沉浸的喜悦，就是丰收最美好的定格。

6.9 全球首个AI女性艺术展（上）——再创经典

在人工智能与艺术的交会点，由李三水先生创办的亚太首届一指无限跨界的科创文娱集团W再次联袂野神殿，共同为王小慧老师举办全球首个AI女性艺术数字展会，如图6-42所示。

图6-42 全球首个AI女性艺术数字展会《野小慧》

6.9.1 项目背景

在王小慧老师的展馆中，创作者尝试打破固有边界，挑战传统观念，借助AI工具探索更纯粹的、更深邃的女性意象。

女性这个词汇在社会的语境中，常被赋予诸多的标签和偏见。而在日益高涨的社会关注与话题讨论中，人们开始意识到，女性不应被局限于单纯的性别属性。我们鼓励一种去性别化、去标签化的思考，因为无论男女、身材、肤色都不应成为界定个体的尺度。

每一个人都是一个独特且自由的灵魂，都有权利决定自己的生命轨迹。而这次的“女性AI”展，旨在探索AI所带来的这样一个去性别化、去标签化的新世界，以及女性作为自由的个体，在AI的背景下，如何通过文本、图片、视频、互动装置等多种方式展现出来。

本文提及的王小慧老师，是一位活跃在全球艺术舞台的著名华人艺术家。她常年往返于上海和慕尼黑，不仅在摄影领域有所建树，更涉猎多个艺术领域。她的作品被世界各地的博物馆和收藏家所珍藏，并出版了众多的作品集。她的影响力，已远远超出了单一的艺术领域。

本次《野小慧》AI艺术展设置三个主题展区。第一展区，数字艺术家通过AI对于经典名画的重读与再造，将名画中原有的男性角色替换成女性，在表达趣味娱乐性的同时，也意在以女性视角去剖析人类史与艺术史。第二主题展区展示了丰富多彩的AI作品，艺术家用AI生成了“女人与花”“爱与和平”“地球母亲”等不同主题的创作。四个交互艺术装置通过运用虚拟现实、增强现实等技术，为观众带来沉浸式互动体验。第三展区，王小慧邀请了几十位海内外友人参与，包括作家、艺术家、戏剧家、音乐家、学者、主持人、媒体人等，他们通过分享个人的独特经历，与AI共同演绎一幕幕关于女性和爱的画面，并借由AI的创作力，向观众分享他们对于人生的感知和理解。同时，王小慧还通过AI重构她的代表作《我的前世今生》，创作了未来100年的女性生活场景，让熟悉她的观众看到一个前所未见的王小慧。

限于本书篇幅，无法细致呈现全部作品，仅针对第一展区的部分作品进行解读和展示。该展区的作品主题是“女性视角下的历史经典解读”。

- 女性：微笑面对世界——致敬《蒙娜丽莎》

蒙娜丽莎那神秘的微笑，是多少人心中的谜。在此，我们期待您从女性的角度，解读这一世界上最为著名的微笑背后的故事。

- 女性：值得被精心刻画——致敬《步辇图》

《步辇图》中的女子，她们的身姿、眼神，都透露出一种独特的魅力。希望您能探寻这背后的女性力量和她们的故事。

- 女性：回眸再看更美丽——致敬《戴珍珠耳环的少女》

那一抹淡淡的蓝，那双明亮的眼睛，告诉我们，女性的美，不仅仅是表面，更多的是来自内心。

- 女性：身份的转换——致敬《最后的晚餐》

《最后的晚餐》，最后的绝唱，但在这里，我们希望从女性的身份转换的角度来看待这幅作品，构思及探讨一个全新的故事。

- 女性：应当被致敬——采用中国古典绘画技法致敬

中国古典绘画中的女性形象，时常带有一种神秘和超凡的气质。这一主题，旨在探寻古代女性的真实面貌和她们的故事。

6.9.2 灵感思路

画种、艺术家、著名作品名都可以作为提示词使用，站在艺术与科技的交汇点，我们走进艺术的殿堂，回首那些被时间雕刻的经典，便会发现——女性的身影从未消失。这次，在AI女性艺术展中，我们将尝试以全新的视角，重温那些被世人传颂的美丽。

首先，“女性：微笑面对世界——致敬《蒙娜丽莎》”，蒙娜丽莎的微笑，可以说是艺术史上的永恒之谜。背后隐藏的，是一个女性的故事，是她对世界的态度，是她面对生活的微笑。如何将AI与这一微笑结合，展现一个数字化的、却同样充满神秘的蒙娜丽莎？

接下来，“女性：值得被精心刻画——致敬《步辇图》”，《步辇图》中的女子，她们所展现出的独特魅力是如何塑造的？我们希望通过结合传统的绘画技法和现代的AI技术，重新解读这背后的女性力量。

“女性：回眸再看更美丽——致敬《戴珍珠耳环的少女》”，那淡蓝色的头巾，明亮的眼睛，她仿佛正在告诉我们一个关于她的故事。那么，在AI的世界中，她会有怎样的新故事？

“女性：身份的转换——致敬《最后的晚餐》”，则带领我们重新审视这幅经典之作。从女性的视角，这幅画所表达的情感和故事又是如何？我们希望借助AI技术，创造一个全新的、从未被触及的故事情节。

最后，“女性：应当被致敬——采用中国古典绘画技法致敬”，这一主题将我们带回古代，探寻那些被时间遗忘的女性形象。我们期待通过现代的技术手段，为她们赋予新的生命，让她们再次在现代世界中绽放。

综上所述，这次的创作思路是一个融合了古今、东西的文化融合。借助AI技术，我们希望能够为经典名画赋予新的生命，让它们在现代世界中再次闪耀。

6.9.3 执行过程

在古典与现代的交汇点，人工智能与艺术融为一体，带给我们全新的艺术体验。在本次AI女性艺术展的筹备过程中，如图6-43所示，我们秉持着创新与传承的理念，设计稿反复斟酌修改，最终为广大观众呈现了这场前所未有的艺术盛宴——毕竟绝大多数来到现场的观众，是首次在线下近距离观摩AIGC作品。

图6-43 筹备过程

1. **主题策定**

首先，我们从王小慧老师的思路出发，先完成画面基础元素构思，以及对应提示词的生成效果进行逐一测试，例如，《蒙娜丽莎》《戴珍珠耳环的少女》《步辇图》等素材是否经过AI算法训练。

2. **创作实践**

鉴于AI绘画工具中提示词的随机性，在完成主体提示词可用测试后，我们的艺术家开始结合自己的创意设计其他提示词。基于给定的主题，利用AI技术，创作出一系列令人震撼的作品。在此过程中，我们不仅注重技术的应用，更加重视作品的艺术价值，确保每一件作品都能够触动人们的心灵。

3. **展览布置**

为了给观众提供一个完美的观展体验，我们对展览的布局和展品的陈列都进行了精心的设计。同时，我们还设置了多个互动区域，让观众可以亲身体验AI艺术的魅力。

6.9.4 最终交付

致敬《蒙娜丽莎》，作者为无牙（野神殿二期校友），如图6-44所示。

图6-44 致敬《蒙娜丽莎》by 无牙

致敬《最后的晚餐》，作者为TENG（野神殿二期校友），如图6-45所示。

图6-45　致敬《最后的晚餐》by TENG

致敬《戴珍珠耳环的少女》，作者为陈大牛（野神殿二期校友），如图6-46所示。

图6-46　致敬《戴珍珠耳环的少女》by 陈大牛

6.10　全球首个 AI 女性艺术展（下）——梦境成真

作为一个对艺术怀有深厚情感的艺术家，王小慧老师此次邀请了数十位海内外友人，包括文化学者、知名影星及社会活动家等各界精英。这些名人都对AI艺术表现出浓厚兴趣，他们带来了自己与女性、梦境、爱与希望有关的独特经历和体验。通过野神殿创作者与AI的合作演绎，将他们对生活的理解和美好事物的感知转化为一幅幅美轮美奂的画面。

6.10.1　项目背景

在繁华的大上海，王小慧艺术馆已成为长宁区新的地标建筑，如图6-47所示。每一位路过者都能远远地认出它，不是因为高大的建筑结构，而是王小慧老师的代表性作品——由两个蟠桃组成的红嘴唇雕塑装置“艺术之吻”，这个极具创意的场馆标志很快就成为此处的地标建筑，引来各种拍照打卡。

这栋四层的建筑内部空间极为宽敞，展示面积高达2000多平方米，共设置三个主题展区，每个展区都有其独特的魅力。第一展区是“经典重现”，前文已有详细介绍。

图6-47 上海长宁区王小慧艺术馆

第二展区是装置艺术的天地。在这里，艺术不再是单纯的欣赏，而是转化为了一场场沉浸式的体验。借助现代科技，如虚拟现实和增强现实，观众仿佛进入了一个全新的世界，可以与作品产生互动，深度参与其中。

第三展区是我最为钟情的地方，我更愿意称之为“梦境成真”。也是本次展会中最具挑战的创作课题。

6.10.2 灵感思路

在“梦境成真”展区，设计师的创作需求来自名人朋友的创意以及AI绘画自身的随机性特征。

因篇幅所限，本节无法呈现全部名人和野神殿设计师联袂打造的AIGC艺术品，仅以石奇和小兰（后文以“创作团队”代替）为叶蓉老师创作的作品为例。

叶蓉老师作为著名主持人，连提出设计需求都是如此的充满诗意：

树影里，我童年的剪影，在每一片叶间摇曳。

如今，窗外那棵老树，似乎把时光倒带，让我重返过往。

在无数沉思与虚度后，留下的，只有那些美好的瞬间。

如影子般轻盈，如梦境般遥远。

大树下，那个小女孩，静静坐着，手里把玩着一页页故事。

阳光透过树叶，编织着斑驳的梦。

是景象，还是现象？

或许，是它们在时空中的交错。

梦，若已成真，那这现实，便是我最珍贵的回忆。

6.10.3 执行过程

在川流不息的城市中，艺术馆的出现就像是一首对生活的颂歌，而本次女性AI展，成功地唤起了许多人对艺术的向往和对AI的好奇。而“梦境成真”展区，则像是打开了一扇通往梦想世界的大门。

1. **起源的火花：创意的汇聚**

在“梦境成真”展区的构思初期，创作团队考虑了设计师的个人创意、名人朋友的创意输入以及AI绘画的随机性。这三者相互交织，形成了一个丰富的创意库，为整个展区的展品提供了无尽的灵感来源。

2. 名人的触碰：叶蓉老师的诗意

叶蓉老师为这个展区贡献了自己独特的视角和回忆。她描述的大树、小女孩、太阳光影以及与童年相关的记忆，不仅仅是对自然和童真的向往，更多的是对时光流转中的思考和怀旧。

3. AI的介入：梦与现实的交织

基于叶蓉老师的提示词，我们利用AI绘画技术开始创作。AI的随机性为我们的作品注入了更多的可能性，让我们得以从不同的角度和维度来重新解读那些似乎熟悉的场景和情感。

4. 梦的彼岸：艺术具象化

经过无数次的尝试和修正，我们终于创作出了几幅作品，完美地展现了叶蓉老师的诗意描述。在大树下，一个小女孩正专心地读书，太阳光从树叶间洒下，形成了斑驳的光影，这不仅仅是一个景象或现象，更是对美好回忆的缅怀和对梦境的追求。

6.10.4 最终交付

在名人梦境的叶蓉老师环节，设计师石奇和小兰共同交付了作品，如图6-48所示。

回顾整个创作过程，从最初的灵感来源到最终作品的呈现，每一步都充满了探索和创新。我们相信，通过这个艺术展，我们不仅展现了技术和艺术的完美结合，更希望能够触动每一位观众的心灵，引起他们对美好生活的向往和追求。

图6-48 “梦境成真”展区：名人梦境之叶蓉老师

图6-48　“梦境成真”展区：名人梦境之叶蓉老师（续）

图6-48 “梦境成真”展区：名人梦境之叶蓉老师（续）

提示：本次《野小慧》AI艺术展是2023年度，国内最大规模的AIGC展览。这一展览虽然仅是王小慧艺术馆众多展览中的一部分，但对于AIGC领域的从业者而言，它具有非凡的意义。展览不仅展示了AIGC技术在艺术创作上的广泛应用，也标志着一个重要转折点，即关于“AI生成的作品能否被称为艺术”的争议已不再是焦点。这表明，人们开始更加关注AI艺术本身的价值和意义，而非固守于传统艺术与技术艺术之间的界限。

第7章 AIGC未来展望

随着各类生成式人工智能应用的落地普及，人类正式踏入AIGC时代。本章将与读者一起探讨：在AIGC工具日益盛行之下，教育将会怎样演变？

7.1 AIGC时代的教育和观念挑战

我坚信，每一位读者在阅读本书并体验相关工具后，都会对AIGC的创造能力产生深深的敬畏。AIGC的力量确实强大到可以替代大量的重复性工作。面对已经到来的未来，我们应如何提升自己的竞争力？我们又该如何教育下一代，让他们可以安然应对这种变革？我们当然不希望在这场科技进化的浪潮中被时代所抛弃。

如图7-1所示，Midjourney将它所理解的“未来挑战”以图形化的方式呈现在我们面前。

图7-1　Midjourney创意：未来挑战

面对AI的挑战，我们必须为自己和下一代提前做好准备。主动拥抱人工智能，让自己和下一代从一开始就深入了解并掌握这项先进技术。面对一项终将普及的技术，一味地禁止和拒绝是没有意义的。目前已经有不少高校鼓励学生使用AI工具完成作业，但同时也要求他们必须明确注明哪些部分是使用AI完成的，希望学生从烦琐的事务中剥离出来，以更好地培养他们的创新思维。

“因材施教”是古人对教育的至高追求，如今，在AI的加持下，我们每个人都有机会享受这种高度个性化的教育。可以预见，未来十到二十年，由于AI的介入，人与人之间的个体差异可能会日益加大。这个世界或将被分为两个群体：掌握AI技术的人与未能掌握AI技术的人。

面对AI技术和机器人技术的飞速进展，许多人都在思考：在这个日新月异的时代，身为人类，我们的角色又是什么？我们如何找到立足之地？如何持续成长和发展……

大家应对人工智能的迅猛发展保持清醒的认识。AIGC技术的兴起对传统的教育体系产生了不小的震撼。我们的教育体系，虽然已经开始摆脱工业时代的影子，但在适应自由市场和移动互联网时代的同时，AIGC的浪潮已经席卷而来。不仅仅是在我们国家，我深信全球各地，人们都还未为这场技术大潮做好充分准备。人工智能的蓬勃发展超出了大多数人的想象，使得传统的人才培养方式在这场技术风暴面前显得力不从心。

未来已来，并且正在发生。但真正的“未来”是什么样子的？没有人知道答案，即便是想象力爆棚的AI所描绘的未来也是基于现有图像数据训练的，如图7-2所示。

图7-2　Midjourney创意：未来工作模式畅想

作为这场技术风暴的亲历者，我们必须深入了解并适应这种变革。幸运的是，现代社会为我们提供了大量的学习和探索工具，同时读者也可以通过本书开始接触这些工具。但我们也不能过度依赖技术，仍需反复强调人类的道德和认知。相较于AI，人类对现实世界有着更为深入的感知和理解。例如，在自动驾驶系统中，仍然是人类决定汽车在何种情况下刹车。虽然AI在很多领域的表现已经堪称卓越，但它仍然缺乏人类的情感和判断力。

最终，AI技术应服务于广大人民，提高人们的生活品质。我们不应被AI的潜在威胁所吓倒，而应思考如何最大限度地利用其带来的益处，如何让自己快速赶上这波浪潮。在技术与人性的交融中，我们每个人都应持续探索、适应，并积极应对这个充满变革的时代。

7.2　AIGC时代的商业机会

在人类文明史上，生成式AI无疑成为了一个划时代的标志。开启了一种前所未有的交互模式——人类能够通过自然语言同计算机流畅对话。本书中涉及的AIGC工具，正是这种革命性交互方式的体现。

回首计算机的发展历程，我们会发现，初期计算机交互复杂且烦琐。随着图形用户界面及鼠标的诞生，代表性的产品，如苹果的Macintosh和微软的Windows，使用户仅需简单地点击鼠标，便能轻松操作计算机。这一进步，对于人机交互的历史，无疑是一个巨大的飞跃。智能手机的兴起，如iPhone，尽管它在图形界面上作出了一些升级，但其本质仍有所局限。它虽然极大地方便了用户，但对于开发者来说，要想打造一个应用，仍旧需要深厚的编程功底，这是一个需要花费大量时间和精力去学习的系统。因此，真正精通编程的程序员成为了稀缺的宝藏。

随着AIGC工具的涌现，这一现状发生了深刻的变化。如今，创作不再是高不可攀的艺术，AI能使我们轻松创造属于自己的作品。这意味着，不只是专业的设计师，越来越多的普通人也可以通过AI工具轻松地绘制出自己的作品。创作一个主题为“AIGC赋能创作”的画面，如图7-3所示，Midjourney给出了令人满意的答案。

放眼整个人类文明，这绝对是人类与机器共同书写完成的辉煌篇章。

想象一下，尽管手机在近期还不会消失，但那些常驻手机的APP可能会逐渐失去它们的地位。与其打开各种应用，不如直接与GPT、Midjourney这样的AI助手对话，向它表达我们的出行、绘图甚至是具体工作需求。

现如今，对于许多互联网巨头来说，新的技术变革无疑对其商业模式构成了巨大威胁。以往，商业公司通过APP聚集大量用户，以广告和增值服务作为主要盈利方式。当AIGC工具逐渐成为与用户交互的主要入口时，基于传统APP的交互模式将会被彻底打破。毕竟，如果用户不再需要直接打开APP就能完成需求满足，那APP中的安装将不再是必需，更不会有人为APP的广告买单。过去，许多互联网公司将用户视为底层数据来源和广告投放目标，而广告商才是其真正的"金主"。但在AIGC时代，这类商业模式可能会被彻底颠覆。

图7-3 Midjourney创意：AIGC赋能创作

面对技术的巨大变革，每一家大型互联网公司都在寻找新的突破点，试图在新时代中占有一席之地。我们可以观察到一些显著的特征：稍有规模的公司都希望把自己打造成流量入口，纷纷下场宣布进军大语言模型，他们希望用户通过和他们旗下的AIGC工具交谈来完成服务交付。

在AIGC科技革命的浪潮中，中小型企业和个人如何生存并稳固自身位置，是一个值得深思的问题。绘画工具无法精准地为我们描述"生存法则"，它只能描绘自己所理解的"生存法则"，如图7-4所示。

图7-4 Midjourney创意：生存法则

本书并非要给出明确的建议，此处只是抛出作者本人的观点与读者共同探讨。

首先，我们必须承认，在创业领域出现能够颠覆现有市场格局的天才创业者的机会虽然不大，但并非不存在。正如拼多多的创始人黄铮，在阿里巴巴和京东的双雄争霸下，仍然能够切入电商市场并取得巨大成功。这类例子虽然稀少，但它们确实存在，给予那些天纵英才的创业者一线希望。

其次，对于大多数创业者来说，更为现实和可行的路线是利用大公司和大平台已经搭建好的技术基础架构。通过在这些平台提供的“基础设置”开发创新型应用，解决特定用户群体的具体需求，中小企业同样有机会实现快速成长。这种模式不仅降低了创业的门槛和风险，也能更快速地找到市场定位。

最后，对于那些并未考虑过创业、更多从事打工的人群而言，技术革命同样提供了新的发展机会。在AIGC技术的推动下，个人能力的价值和影响力得到前所未有的放大。未来，即使是个体，也有机会通过高效利用技术资源，变身为具备与大型企业相匹敌的“超级个体”。与过去大企业对资源的垄断不同，AI技术为每个人打开了新的机遇之门，让社会流动变得更加可能。

现代社会中，很多人常常说他们“不会做”某事，但背后的真相是，他们并非真的不会，而是面临“界面障碍”。所谓“界面障碍”指的是人们在尝试使用或学习新技术、新工具时遇到的各种障碍，包括技术操作、文化差异，甚至语言问题，这些障碍阻碍了他们的理解和操作。

让我们做个思想实验：接到工作安排，需要我们前往一个语言不通的地方生活。首先浮现在脑海中的可能是“如何融入环境”的担忧。实际上，只要基本生活条件得到保障，我们都有能力适应并顺利展开工作。

真正的挑战其实只是那一层不熟悉的语言界面。通过积极学习和适应，我们完全有可能克服这些界面障碍，顺利融入新环境。

再看一个生活中的例子，十八线老家的奶奶希望给家里的孩子买一件礼物，如图7-5所示，怎奈这款特别纪念款的礼物只能通过某个特定APP购买，老人家因为不熟悉这款APP而遗憾地表示“无法购买”。但实际上她很清楚自家孩子的喜好，对于如何选择好商品也是有经验的，真正阻碍她的是这款陌生的APP界面。

图7-5　Midjourney创意：奶奶的礼物

这世间真的有那么多的“不会”吗？还是只是我们面临的那层界面成为了我们前行的障碍？这正是AIGC所带来的变革：它将所有的界面简化为我们熟悉的自然语言。

只要我们理解了事物的核心，然后能顺利使用言语表达，AI就可以将我们的意图翻译成机器可以理解的语言，并且忠实执行：无论是徐悲鸿的《大卫》、还是张大千的《创世纪》，再或者是穿越千年以后的《蒙娜丽莎》……我们不用再去重新学习如何掌控毛笔、铅笔和油画棒，但我们需要了解什么是印象派，什么是工笔画，以及如何将这些概念准确地传递给机器。通过AIGC工具，我们成为了真正的创作者，得以从烦琐的绘画界面中解放出来，如图7-6所示。

图7-6 DALL·E 3创意：AIGC解放创意

7.3 人类何去何从

AIGC技术的迅猛发展，一方面使得许多初级和中级职位被自动化取代，我们每个人则被提升为高级管理者的角色；另一方面，它也开启了一种全新的可能：每个人都能成为艺术家、程序员、全科医生、全能教师……随着人人拥有强大的助手，甚至轻松实现跨行业、跨岗位的转换。

正如本书通篇讲述，根据本书知识进行AI绘画创作，“创意素人”也能生成华美的图案，同时也有着更多商业变现的可能性。

随着AIGC技术的成熟，机器演进的最终结果可能是不断完成更加复杂、不确定的工作和任务，而被升级为管理AI的人类需要具备这些能力，即理解问题、拆解问题、描述问题的能力。

理解问题：这是解决任何问题的第一步。在此阶段，重要的是准确地识别和理解问题的本质。这需要深入分析问题所在的背景、根本原因以及可能产生的影响。

拆解问题：一旦理解了问题的本质，下一步是将复杂的问题分解为更小、更易管理的部分，正所谓“具体问题，具体分析”。这种分解使得复杂而笼统的问题开始变得更加具体，更易于处理。在使用AI工具的过程中，这意味着将一个复杂的任务分解为一系列小的、可操作的简单任务，并明确完成每个任务所需使用的具体工具。以本书涉及绘画案例为例，什么时候使用Midjourney？什么时候使用Stable Diffusion？什么时候使用Photoshop？

描述问题：对问题的有效描述对于找到解决方案至关重要。这一过程需要将问题和任务以清晰、准确的提示词表达出来，以确保AIGC工具能尽可能理解我们的创作意图，这意味着需要用机器能够理解的语言和格式准确描述问题，包括使用适当的技术术语、数据格式和操作指令。

这三个步骤共同构成了驱动AIGC所需的核心能力，它们不仅有助于我们更高效地利用AI技术，也是在AIGC时代脱颖而出的关键。身为人类，我们必须重新审视自己的价值所在。核心在于认识到人与机器的本质差异，并找到各自在哪些方面能提供独一无二的价值。

首先，尽管在许多领域生成式人工智能已展现出超越人类的潜力，人类仍然在特定重要领域占据优势。这些领域包括创新能力、同理心和道德判断，这些是当前AI难以触及的。利用这些优势，在艺术、社会服务和哲学等领域，人类可以创造出无法替代的新价值。

其次，适应这一新时代的关键之一在于对我们教育体系的重新思考。我们需要培育的不再是机械重复的技能，而是那些更高层次的能力，如创新思维、批判性思考、人际交往能力和道德判断力。

最后，我们也需要对当前社会乃至整个经济体系进行深刻反思。随着AI技术在工作领域的日益普及，有效且公平的资源分配方法将成为我们面临的重大课题。在新技术背景下，如何实现一个更为公正的社会，让每个劳动者都能享有稳定的生活保障——“耕者有其田，劳者有其屋”，可能是一个极具挑战性的问题。这一问题的解决或许不仅能改变亿万人的生活，甚至可能配得上诺贝尔奖项的荣誉。

面对生成式人工智能所带来的挑战，我们应保持积极乐观的态度。这是一个转型的历史机遇，让我们有望将更多精力投入到真正热爱和重视的事物上。同时，我们也要警惕可能出现的问题，例如机器取代人类工作可能带来的社会不平等，以及AI的潜在滥用风险。

目前人类社会始终在努力探索AI技术的有效治理和规范发展，作为一个乐观主义者，我始终坚信：未来可期。

至此，经过漫长的准备及创作历程，我们终于完成了这部作品集。我们真切地希望，本书能为您揭示AIGC的神奇魅力，激发您绘制出充满创意的AI艺术品。在此，我们由衷地对您表示感谢，感谢您耐心的陪伴，毕竟在一个短视频爆发的时代，能坚持读到这一页的您，一定是坚定而特别的，感谢您同我们探索这个充满未知和奇迹的新时代。

愿这本书为您开启一段探索与创新的美好旅程。再会，亲爱的读者，期待与您在未来的日子里再次相遇，我们后续还有更多创作方向，相关准备工作已经开启，期待我们再次相遇，共同追寻和见证更多的科技奇迹。